Nabil Arfa
Saber Boussif

Redresseur/ onduleur assistant le réseau STEG 380V/50Hz

AF062659

Nabil Arfa
Saber Boussif

Redresseur/ onduleur assistant le réseau STEG 380V/50Hz

Electricité photovoltaïque

Presses Académiques Francophones

Impressum / Mentions légales
Bibliografische Information der Deutschen Nationalbibliothek: Die Deutsche Nationalbibliothek verzeichnet diese Publikation in der Deutschen Nationalbibliografie; detaillierte bibliografische Daten sind im Internet über http://dnb.d-nb.de abrufbar.
Alle in diesem Buch genannten Marken und Produktnamen unterliegen warenzeichen-, marken- oder patentrechtlichem Schutz bzw. sind Warenzeichen oder eingetragene Warenzeichen der jeweiligen Inhaber. Die Wiedergabe von Marken, Produktnamen, Gebrauchsnamen, Handelsnamen, Warenbezeichnungen u.s.w. in diesem Werk berechtigt auch ohne besondere Kennzeichnung nicht zu der Annahme, dass solche Namen im Sinne der Warenzeichen- und Markenschutzgesetzgebung als frei zu betrachten wären und daher von jedermann benutzt werden dürften.

Information bibliographique publiée par la Deutsche Nationalbibliothek: La Deutsche Nationalbibliothek inscrit cette publication à la Deutsche Nationalbibliografie; des données bibliographiques détaillées sont disponibles sur internet à l'adresse http://dnb.d-nb.de.
Toutes marques et noms de produits mentionnés dans ce livre demeurent sous la protection des marques, des marques déposées et des brevets, et sont des marques ou des marques déposées de leurs détenteurs respectifs. L'utilisation des marques, noms de produits, noms communs, noms commerciaux, descriptions de produits, etc, même sans qu'ils soient mentionnés de façon particulière dans ce livre ne signifie en aucune façon que ces noms peuvent être utilisés sans restriction à l'égard de la législation pour la protection des marques et des marques déposées et pourraient donc être utilisés par quiconque.

Coverbild / Photo de couverture: www.ingimage.com

Verlag / Editeur:
Presses Académiques Francophones
ist ein Imprint der / est une marque déposée de
OmniScriptum GmbH & Co. KG
Heinrich-Böcking-Str. 6-8, 66121 Saarbrücken, Deutschland / Allemagne
Email: info@presses-academiques.com

Herstellung: siehe letzte Seite /
Impression: voir la dernière page
ISBN: 978-3-8381-4083-4

Copyright / Droit d'auteur © 2014 OmniScriptum GmbH & Co. KG
Alle Rechte vorbehalten. / Tous droits réservés. Saarbrücken 2014

DEDICACE

Grâce à Dieu que j'y parvenue à réaliser ce travail et aussi,

A mes parents,

Pour votre amour, votre sacrifice, votre patience, pour tous les efforts que vous avez consentis en ma faveur, pour votre soutien moral ainsi que matériel que vous m'avez généreusement offert, je vous dédie ce travail comme témoin de mon éternel amour. Que Dieux vous protège en bonne santé, vous donne une longue vie et vous offre le paradis.

A mon cher frère

Aucune dédicace ne saurait exprimer la profondeur de l'amour que je vous porte et de mon attachement. Que dieu veille sur vous et nous garde unis à l'infini, heureux, sincères et fortuné.

A tous les membres de ma grande famille

Mes oncles et mes tantes, paternelles et maternelles, qui m'aiment et qui me sont chers.

A tous mes amis

Pour les moments qu'on a vécus ensemble. Que dieu vous procure une merveilleuse vie et nous garde amis pour l'infini.

ARJAN.

DEDICACE

Du plus profond de mon cœur et avec le plus grand plaisir de ce monde, je dédie ce travail

A mes chers parents

Pour leurs sacrifices, leur soutient énergétique et leur grand amour qu'ils m'ont porté. Pour tout ce qu'ils ont enduré pour satisfaire toutes mes sollicitudes en espérant assister à ce jour bien distingué.
Que dieux les préserves en bonne santé et leur donne longue vie et qu'ils trouvent dans ces modestes mots le témoignage de ma gratitude et ma véridique reconnaissance.

A mes chers frères

Pour leur soutien qu'ils m'ont porté à petites mains, pour leur encouragement, leurs amours et leur affection. Qu'ils soient fortunés de bonheur, de réussite, d'extase et d'épanouissement,

Ainsi qu'à toute ma famille.

Que je leur dédie ce travail en reconnaissance pour leur amour, leur soutien et disponibilité.
Pour tout ce qu'ils m'ont offert avec dévouement. Qu'ils trouvent en ces mots toute l'estime que je porte à leur égard et les souhaits d'une belle vie garnie de bonheur et de prospérité.

BOUSSIF S.

Remerciements

C'est avec un réel plaisir que nous réservons ces lignes en signe de gratitude et de reconnaissance à tous ceux et celles qui ont contribués de près ou de loin à la réussite de ce travail.

Nos vifs remerciements s'adressent à tous ceux qui ont voulu nous assister par leurs conseils et leurs encouragement, et en particulier nos encadreurs, Mr HASSINE Sami, Mr SAKLY Anis à l'ENIM qui ont toujours prisent soins de pouvoir nous accueillir, nous conseiller et nous guider dans ce travail et Mr CHAOUCH Abdessalem, chef de service sécurité, gardiennage et formation au centre de production d'électricité de Sousse (CPES) qui nous a aidé pour la réalisation de ce projet, malgré la pression et la responsabilité de son travail.

A nos maitre et président de jury Mr HADAJI Ramzi, Vous nous faisons un grand honneur d'avoir accepté de présider le jury de notre projet de fin d'études. Vos vastes connaissances et compétences, votre gentillesse et vos qualités humaine impose le respect.

A Mr MELLITI Boujemaa, Vous nous faisons un grand honneur en acceptant de siéger au jury de ce projet de fin d'études.

Nos remerciements et l'expression de notre sympathie la plus vive à l'ensemble du département génie électrique qu'ils nous ont accordé durant notre projet qu'ils veuillent trouver ici l'expression de notre sincère gratitude.

Enfin, **N**ous tenons à remercier tout le personnel de l'école nationale d'ingénieurs de Monastir.

Table des matières

Introduction générale 12
Chapitre I : Cadre du projet de fin d'études 14
I.1. Introduction 14
I.2. Structure fonctionnelle 15
    I.2.1. Division exploitation 15
    I.2.2. Division maintenance 15
    I.2.3. Division électrique 15
    I.2.4. Division contrôle technique 15
    I.2.5. Division formation, sécurité et gardiennage 16
I.3. Cahier des charges du projet 16
I.4. Schéma synoptique et solution proposé 17
Chapitre II : Onduleur triphasé de tension et hacheur Boost 19
II.1. Etude de circuit de puissance de l'onduleur 19
    II.1.1. Modélisation de l'onduleur triphasé 20
    II.1.2. Commande pleine onde (180°) 21
        II.1.2.1. Génération des impulsions de commande 22
        II.1.2.2. Les tensions de branche ; VAn,VBn, VCn 23
        II.1.2.3. Les tensions composées VAB,VBC, VCA 24
        II.1.2.4. Les tensions simple VAN,VBN, VCN 25
        II.1.2.5. Courant de charge 26
        II.1.2.6. Analyse spectrale 27
    II.1.3. Commande MLI sinus triangle 28

II.1.3.1. Génération des signaux de commande MLI 29

II.1.3.2. Analyse spectrale 31

II.2. Dimensionnement des semi-conducteurs de puissance ($IGBT$) 33

II.3. Filtre de sortie 34

II.4. Circuit d'aiguillage de l'alimentation de la charge réseau STEG / Onduleur de tension 41

II.5. Circuit d'adaptation *DC-DC* 42

II.5.1. Fonctionnement du hacheur Boost 43

II.5.2. Dimensionnement des composants 53

II.5.3. Simulation sous *PSIM* 56

II.5.3.1. Schéma du montage de simulation de hacheur Boost 56

II.5.3.2. Formes d'ondes 56

II.5.4. Régulation de la tension du hacheur Boost 58

II.5.4.1. Présentation de régulateur proportionnel intégral (PI) 58

II.5.4.2. Boucle de régulation de la tension du hacheur Boost 61

II.5.4.3. Simulation du hacheur Boost avec Régulation de Vs 62

II.6. Assemblage des circuits et conclusion 63

Chapitre III : Dimensionnement de la batterie et régulation de sa charge et décharge 65

III.1.   Introduction 65

III.2.   Capacité d'une batterie 67

III.3.   Dimensionnement de la batterie 69

III.4.   Régulateur de charge/décharge de la batterie 72

III.4.1. Seuils de régulation 74

III.4.2.Circuit de contrôle charge / décharge de la batterie................75

III.4.3.Driver de la liaison série RS232 77

III.4.4.Développement de l'algorithme de contrôle de charge/ décharge batterie...78

III.5. Etude du hacheur Buck..81

III.5.1. Principe de hacheur Buck 81

III.5.2. Fonctionnement du hacheur Buck.....................................81

III.5.3. Dimensionnement des composants...................................85

III.5.4 Simulation sous PSIM..87

III.5.5.Régulation du hacheur Buck..88

Chapitre IV : Analyse de la technologie photovoltaïque....................91

IV.1. Définitions 91

IV.2. Principe d'une cellule photovoltaïque 92

IV.3. Caractéristiques électriques d'une cellule 94

IV.3.1. Étude de notre cas 98

IV.3.1.1. Modélisation de la structure..98

IV.3.1.2. Modélisation d'un panneau photovoltaïque sous PSIM......104

IV.4. Etage d'adaptation GPV-Batterie 109

IV.4.1. Dimensionnements des composants du hacheur Boost........109

IV.4.2. Simulation de fonctionnement d'étage d'adaptation............110

IV.5. Circuit d'aiguillage Réseau STEG/GPV............................111

Conclusion générale 114

Bibliographie 116

Annexe A..118

Annexe B 119

Annexe C 120

Liste des figures

Figure I.1. : Schéma bloc du projet 17

Figure I.2. : Bloc de conversion continu /alternatif 17

Figure I.3. : Bloc de chargement de la batterie à partir du réseau STEG 18

Figure I.4. : Bloc de chargement de la batterie via le GPV 18

Figure II.1. : Circuit de puissance d'un onduleur de tension triphasé 19

Figure II.2. : Schéma global de simulation sous PSIM, commande plein onde .. 22

Figure II.3. : Les impulsions de commande des bras de l'onduleur 23

Figure II.4. : Allure des tensions branche 23

Figure II.5.: Allure des tensions composées 24

Figure II.6.: Allure des tensions simples 25

Figure II.7.: Allure des courants de ligne 26

Figure II.8.: Allure des courants branches d'onduleur 26

Figure II.9.: Spectre de tension de sortie simple avec la commande plein onde 27

Figure II.10.: Spectre de tension de sortie composée avec la commande plein onde 27

Figure II.11.: Principe de génération de la MLI 29

Figure II.12.: Schéma globale d'onduleur avec la commande sinus triangle 30

Figure II.13.: Tension de sortie composée de l'onduleur triphasé 30

Figure II.14.: Tension de sortie simple de l'onduleur triphasé 31

Figure II.15.: Spectre de la tension de sortie simple pour r = 0.8 et m = 100..31

Figure II.16.: Spectre de la tension de sortie simple pour r = 0.99 et m = 100..31

Figure II.17.: Spectre de la tension de sortie simple pour r = 0.8 et m = 10...32

Figure II.18.: Spectre de la tension de sortie simple pour r = 0.8 et m = 100..32

Figure II.19.: Schéma du filtre LC pour une seule phase..................................34

Figure II.20.: courbes de variation de $\frac{V_n''}{V_n'}$ en fonction de $(\frac{nw}{w_f})$ selon le type de charge utilisé..35

Figure II.21.: courbes de variation de $\frac{V_1''}{V_{10}''} = f(\frac{w}{w_f})$..............................37

Figure II.22.: courbes de variation de $\frac{I_1'}{I_1''} = f(\frac{Cw}{Y_1})$ 38

Figure II.23.: Schéma de simulation de l'onduleur avec filtre LC.....................39

Figure II.24.: Allure des tensions simple filtrées aux bornes de la charge..........39

Figure II.25.: Allure des courants charge...40

Figure II.26.: Spectre de tension charge simple avec les valeurs de L et C obtenus...40

Figure II.27.: Circuit d'aiguillage onduleur/réseau STEG « schéma de puissance »..41

Figure II.28.: Circuit d'aiguillage onduleur/réseau STEG « schéma de Commande »...42

Figure II.29.: Schéma de principe d'un hacheur Boost......................................43

Figure II.30.: Signal de commande de l'interrupteur T_r...................................44

Figure II.31.: Schéma équivalent du hacheur Boost durant la phase active........45

Figure II.32.: Schéma équivalent du hacheur Boost durant la phase de roue libre..................46

Figure II.33.: Allure des tensions et courants en mode conduction continue......50

Figure II.34.:Allure du courant traversant l'inductance en conduction discontinue..................51

Figure II.35.: Diagramme puissance – fréquence des semi-conducteurs............54

Figure II.36. : Montage de simulation de hacheur Boost....................56

Figure II.37.: Schéma bloc de correcteur proportionnel intégral PI................60

Figure II.38.: Diagrammes de Bode du correcteur PI.......................61

Figure II.39.: Schéma générale du hacheur Boost....................61

Figure II.40.: Circuit de hacheur Boost avec régulateur intégrale.....................62

Figure II.41.: Asservissement de la tension du hacheur B................62

Figure II.42.: Chaine fonctionnant en absence du réseau STEG....................63

Figure III.1.: Schéma de la batterie..................72

Figure III.2.: Circuits du chargement de la batterie.....................73

Figure III.3.: Seuils des charge/décharge de la batterie.....................75

Figure III.4.: Circuit de régulation charge/décharge de la batterie.....................76

Figure III.5.: Schéma bloc de contrôle charge/décharge de la batterie...............77

Figure III.6.: Schéma de la liaison série RS232..................78

Figure III.7.: Algorithme de régulation de tension batterie................80

Figure III.8.: Schéma de principe d'un hacheur Buck......................81

Figure III.9.: Schéma équivalent du hacheur Buck durant la phase active.........82

Figure II.10.: Schéma équivalent du hacheur Buck durant la phase de roue libre..................82

Figure III.11.: Allure des tensions et courants en mode conduction continue....84

Figure III.12.: Montage du hacheur Buck alimenté par un Redresseur P_3..........87

Figure III.13.: Montage du hacheur Buck avec régulateur PI...................89

Figure IV.1.: Schéma équivalent d'une cellule photovoltaïque idéale 99

Figure IV.2.: Schéma équivalent d'une cellule photovoltaïque réelle...............101

Figure IV.3.: Caractéristique du générateur PV...104

Figure IV.4.: Modélisation linéaire par segments à diodes parallèles du générateur PV..105

Figure IV.5.: Modèle idéal du GPV..106

Figure IV.6.: Caractéristique $I_{pv} = f(V_{pv})$ idéal..106

Figure IV.7.: Évolution des grandeurs V_{pv} et I_{pv}..107

Figure IV.8.: Modèle réel du GPV..107

Figure IV.9.: Caractéristique $I_{pv} = f(V_{pv})$ réel..107

Figure IV.10.: Caractéristique $P_{pv} = f(V_{pv})$...108

Figure IV.11.: Montage des GPV en parallèle..108

Figure IV.12.: Schéma bloc d'étage d'adaptation..109

Figure IV.13.: Montage de simulation de GPV associé au hacheur Boost.......110

Figure IV.14.: Variation de tension et courant GPV au cours du temps............110

Figure IV.15.: charge de la batterie via le GPV « schéma de principe »...........111

Figure IV.16.: Charge de la batterie via le réseau« schéma de principe » 112

Figure IV.17.: Isolation du circuit charge réseau pendant la nuit« schéma de principe »..112

Liste des tableaux

Tableau II.1. : Valeurs de Vs obtenus par simulation avec r = 0.8.................... 32

Tableau II.2. : Détermination des valeurs de L et C... 39

Introduction générale

La production mondiale d'électricité à partir de cellules photovoltaïques augmente de façon exponentielle et présente de nombreux avantages : propreté, silence, fiabilité et surtout c'est une source renouvelable [11]. Ce dernier point présente un intérêt majeur dans le contexte actuel de la fin du pétrole bon marché. Toutefois, la part de l'électricité photovoltaïque reste aujourd'hui très marginale dans le paysage énergétique mondial : moins de 0,001% de la production d'électricité, une goutte dans l'océan.

Les obstacles qui s'opposent à ce que cette forme de production électrique trouve une vraie « place dans le marché» sont nombreux : rendement faible, concurrence avec d'autres sources d'énergie (nucléaire, pétrole...), etc...

Pour lever ces barrières, il est important d'améliorer les différentes technologies pour abaisser les coûts de production et d'installer de façon optimale les panneaux solaires. Il existe de grands enjeux liés à une utilisation intelligente de l'énergie solaire car il y a du soleil partout ; c'est donc un pas significatif vers une indépendance énergétique pour tous.

L'évolution du domaine électronique et informatique industriel ont permis de concevoir, réaliser et développer des systèmes de surveillance et de régulation de charge/décharge des batteries à partir d'un générateur photovoltaïque (GPV) à fin d'assurer la protection de ces dernières contre les phénomènes de surcharge et de décharge profond.

En vue d'élargissement de son champ d'application, une collaboration entre l'École nationale d'ingénieurs de Monastir($ENIM$) et le centre de production d'électricité de Sousse(CPS) a été conçue et qui a comme mission l'étude d'un redresseur/onduleur assistant le réseau $380V/50Hz$ intelligent en mode de fonctionnement.

Notre projet consiste à faire l'étude d'un onduleur de tension triphasé qui a comme source d'entrée une batterie d'accumulateur. Cette dernière doit être chargée à partir d'un générateur photovoltaïque (source prioritaire) ou le réseau *STEG* (source de garde). Notre système doit répondre au cahier des charges proposé par le centre de production de Sousse. En effet, ce dernier doit offrir l'autonomie nécessaire pour alimenter une charge de $3Kw$ en cas de coupure du réseau. En plus il inclut un circuit de contrôle destiné à gérer la situation de la capacité de charge de la batterie avec émission d'un message technique sur un terminal via la liaison série $RS232$ comportant un ensemble d'informations.

Ce système comprend essentiellement deux parties :
- La première couvre l'étude d'un onduleur de tension triphasé capable d'alimenté une charge de puissance $3KW$ sous une fréquence de $50Hz$.
- La deuxième, consiste à optimiser le chargement d'une batterie d'accumulateur à partir d'un générateur photovoltaïque (GPV) ou du réseau triphasé $STEG$ en cas d'insuffisance ou d'absence d'ensoleillement.

Chapitre I : Cadre du projet de fin d'études

I.1. Introduction

Le centre de production de Sousse est sous générant de la Société Tunisienne d'Électricité et du Gaz (*STEG*). La *STEG* est une société industrielle à caractère commerciale qui a été créé en 1962 par le décret-loi n°62-8 du 3 avril, c'est une entreprise publique qui a le statut de monopole dans le domaine de la production de l'électricité et du Gaz.

La production industrielle de l'électricité en Tunisie a commencé au début du vingtième siècle. Elle a connu, depuis une évolution très importante en ce qui concerne l'énergie et la puissance fournie. D'ailleurs cette dernière est passée de 3 *MW* pour le premier groupe thermique mis en service à la centrale de la goulette en 1903 à 27 *MW* dans les années cinquante.

Ces groupes thermiques étaient localisés essentiellement au nord du pays et avaient une production de plus en plus limitée face à la demande accrue.

En 1962, la *STEG* vient de remplacer les anciennes sociétés concessionnaires pour assurer la production, le transport et la distribution de l'électricité et du Gaz sur tout le territoire de la république Tunisienne. La centrale de Sousse a été coordonnée pour répondre à la progression des besoins en énergie électrique. Cette centrale, qui est appelé étape (A), possède une grande puissance fournie qui atteint le 150 MW pour une seule tranche. Puis en deuxième étape la *STEG* a ajouté à la première une autre division en 1994 comme premier cycle combinée en Tunisie et qui peut fournir 350 *MW* appelé étape (B).

Etape (A) : Réalisé par les sociétés Allemandes et Autrichiennes SIMENS, KWU, SGP, la première mise en marche industrielle était en 1980. Elle comporte deux tranches à cycle vapeur classique de puissance de base de 150 MW chacune.

Etape (B) : Réalisée par le Consortium Franco-britannique GEC-ALSTOM. Elle est formée d'un cycle combiné constitué de trois groupes dont deux turbines à gaz de puissance de base chacune de 130 MW. Ainsi le $C.P.$ de Sousse fournit de nos jours une puissance de 600 MW, ce qui représente à peu près 45 % de la production nationale en électricité.

I.2. Structure fonctionnelle
I.2.1. Division exploitation

Elle assure l'exploitation des groupes turboalternateurs et veille à les maintenir en bon état en incitant la maintenance à intervenir quand il fallait.

I.2.2. Division maintenance

Sa mission comme l'indique son nom, est l'entretien de différents équipements de l'étape (A) et (B). Elle comporte quatre services ; maintenance électrique, maintenance mécanique, maintenance électronique, commande et instrumentation.

I.2.3. Division électrique

Ce service effectue les travaux d'entretien, de dépannage, ainsi que des visites systématiques des équipements électriques (transformateurs, alternateurs, moteurs électriques…).

I.2.4. Division contrôle technique

Elle veille au bon déroulement des procédés techniques dans la centrale. On distingue trois services ; bureau des méthodes (BDM), bureau de statistiques, laboratoire de chimie et traitement d'eau. Il s'occupe aussi de l'approvisionnement de la centrale en fourniture bureautique, en pièces de rechanges ainsi que l'achat de nouveaux équipements.

I.2.5. Division formation, sécurité et gardiennage

Ce service s'intéresse essentiellement à la sécurité du personnel et veille sur les différentes protections électriques et mécaniques, ainsi la formation du personnel et des stagiaires. C'est au sein de laquelle nous avons effectué notre projet de fin d'études.

I.3. Cahier des charges du projet

- **Thème :**

Disposition d'une alimentation de secours.

- **Titre du projet :**

Redresseur / onduleur assistant le réseau $STEG$ 380V/50Hz.

- **Description du projet :**

L'intérêt principal de notre projet est l'étude d'un onduleur de tension triphasé permettant d'alimenter une charge de 3KW/50Hz. La source d'entrée de notre convertisseur est une batterie d'accumulateur qui nous permette de bénéficier d'électricité avec une autonomie bien déterminé en cas de coupure de réseau $STEG$. Cette dernière sera chargée en priorité à partir d'un générateur photovoltaïque (GPV), suivant l'état de disponibilité et l'ensoleillement et sa capacité, le réseau $STEG$ sera utilisé à travers un pont redresseur comme source d'aide pour charger la batterie. La capacité de charge de la batterie accumulateur qui est l'élément primordial de notre système est géré instantanément par un circuit de contrôle permettant de protéger la batterie contre la surcharge et le décharge profond.

I.4. Schéma synoptique et solution proposé

Le schéma bloc du notre projet est le suivant :

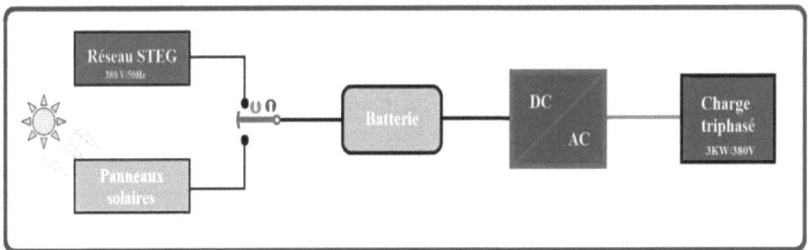

Figure I.1. : Schéma bloc du projet

Vu que notre projet comporte plusieurs parties, on a essayé de faire l'étude de chaque partie à part comme il est développé par les figures qui suivent.

La première partie est consacrée à l'étude de l'onduleur triphasé de tension y compris le circuit de filtrage associée à ce dernier et l'étage d'adaptation (hacheur Boost).

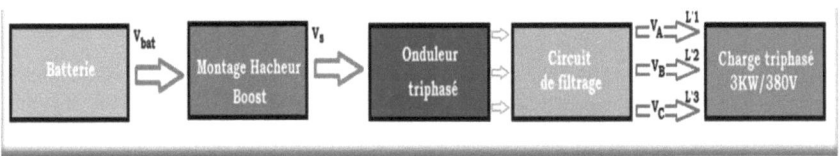

Figure I.2. : Bloc de conversion continu /alternatif

La deuxième partie a pour objet le dimensionnement de la batterie ainsi que l'étude du circuit hacheur Buck à fin de la chargée à partir du réseau *STEG* à travers un montage redresseur.

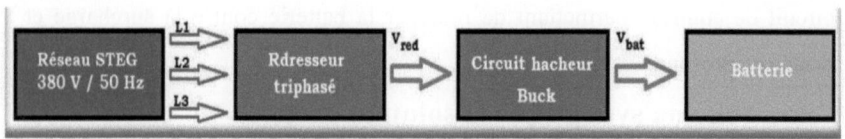

Figure I.3. : Bloc de chargement de la batterie à partir du réseau STEG

La dernière partie concerne l'analyse de la technologie photovoltaïque en premier lieu puis le dimensionnement des composants du hacheur Buck qui assure le chargement de la batterie avec un générateur photovoltaïque(GPV).

Figure I.4. : Bloc de chargement de la batterie via le GPV

Chapitre II : Onduleur triphasé de tension et hacheur Boost

L'électronique de puissance est une branche de l'électrotechnique. Son objet est la conversion par des moyens statiques de l'énergie électrique d'une forme en autre forme adaptée à des besoins bien déterminés.

Le but de notre projet est d'alimenter une charge triphasé à partir d'une source de tension continue en cas de l'apparition d'un défaut réseau, on a besoins d'un système triphasé équilibré, donc il est obligatoirement nécessaire de faire appel à des convertisseurs statiques (onduleur) qui est capables de transformer l'énergie d'une source à tension continue (batterie) en une énergie à tension alternative donnant un système triphasé équilibré $380V/50Hz$.

II.1. Etude de circuit de puissance de l'onduleur

L'onduleur triphasé dit deux niveaux est illustré par son circuit de puissance de la figure *II.1*. On doit distinguer d'une part les tensions de branche V_{An}, V_{Bn}, V_{Cn} mesurées par rapport à la borne négative de la tension continue V_s, d'autre part, il y a les tensions de phases V_{AN}, V_{BN} et V_{CN} mesurées par rapport à un point flottant (N) représentant le point neutre d'une charge triphasé équilibrée montée en étoile.

Des tensions simples on peut tirer facilement les tensions composées V_{AB}, V_{BC} et V_{CA}.

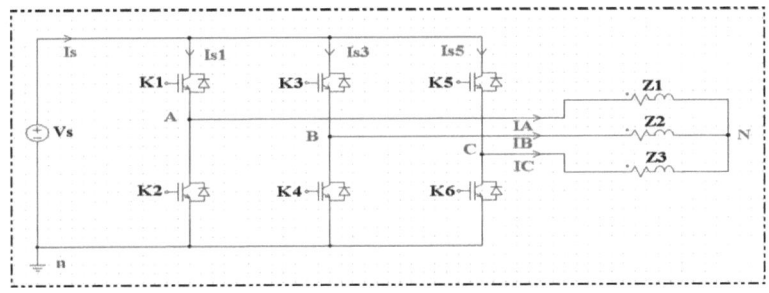

Figure II.1. : Circuit de puissance d'un onduleur de tension triphasé

II.1.1. Modélisation de l'onduleur triphasé

Dans le circuit de puissance de l'onduleur triphasé de la figure *II.1.*, il est à noter que les états des interrupteurs d'un même bras sont commandés d'une façon complémentaire. En utilisant ces états des interrupteurs, nous pouvons obtenir les tensions de branche de sortie de l'onduleur mesurées par rapport à la borne négative de la tension du côté continu comme suit :

$$\begin{cases} V_{An} = s_1.V_s \\ V_{Bn} = s_2.V_s \\ V_{Cn} = s_3.V_s \end{cases}$$

Où s_1, s_2 et s_3 désignent les états des interrupteurs des phases respectivement A, B et C.

Les tensions V_A, V_B et V_C ont nécessairement une somme nulle. Pour obtenir les valeurs instantanées de ces tensions on part des tensions V_{AO}, V_{BO} et V_{CO} entre les trois bornes de sorties de l'onduleur et un point milieu O (fictif) de la source de tension continue:

$$\begin{cases} V_{AN} = V_{AO} - V_{NO} \\ V_{BN} = V_{BO} - V_{NO} \\ V_{CN} = V_{CO} - V_{NO} \end{cases} \rightarrow V_{AN} + V_{BN} + V_{CN} = 0 = V_{AO} + V_{BO} + V_{CO} - 3V_{NO}$$

$$V_{NO} = \frac{V_{AO} + V_{BO} + V_{CO}}{3} \rightarrow V_A = V_{AN} = V_{AO} - \frac{V_{AO} + V_{BO} + V_{CO}}{3}$$

$$\begin{cases} V_{AN} = +\frac{2}{3} V_{AO} - \frac{1}{3} V_{BO} - \frac{1}{3} V_{CO} \\ V_{BN} = -\frac{1}{3} V_{AO} + \frac{2}{3} V_{BO} - \frac{1}{3} V_{CO} \\ V_{CN} = -\frac{1}{3} V_{AO} - \frac{1}{3} V_{BO} + \frac{2}{3} V_{CO} \end{cases} \rightarrow \begin{bmatrix} V_{AN} \\ V_{BN} \\ V_{CN} \end{bmatrix} = \begin{bmatrix} \frac{2}{3} & -\frac{1}{3} & -\frac{1}{3} \\ -\frac{1}{3} & \frac{2}{3} & -\frac{1}{3} \\ -\frac{1}{3} & -\frac{1}{3} & \frac{2}{3} \end{bmatrix} \begin{bmatrix} V_{AO} \\ V_{BO} \\ V_{CO} \end{bmatrix}$$

La sortie d'un onduleur de tension contient certaines harmoniques, la qualité de l'énergie fournit par ce dernier est évaluée souvent par le paramètre de performance suivant :

✎ Taux de distorsion d'harmonique THD :

C'est la mesure de la similitude de la forme d'onde réelle avec sa composante fondamentale :

$$THD = \frac{Valeur\ efficace\ des\ harmoniques\ de\ la\ tension\ U}{Valeur\ efficace\ de\ U}$$

Si $U_{1_{eff}}$ est la valeur efficace de la composante fondamentale de la tension U et U_{eff_h} est la valeur efficace de tous les harmoniques on a

$$[U_{eff_h}]^2 = [U_{eff}]^2 - [U_{1_{eff}}]^2$$

$$THD = \frac{\sqrt{[U_{eff}]^2 - [U_{1_{eff}}]^2}}{U_{eff}} \quad \rightarrow \quad THD = \sqrt{1 - \left[\frac{U_{1_{eff}}}{U_{eff}}\right]^2}$$

II.1.2. Commande pleine onde (180°)

Dans ce type de commande, les six semi-conducteurs ($IGBT$) sont rendus conducteurs pendant la moitié de la période mais leurs conductions sont déphasées.

On peut considérer l'onduleur triphasé comme constitué de 3 mutateurs $(1-4;\ 2-5;\ 3-6)$ pris deux à deux et déphasés entre eux de $\frac{2\pi}{3}$.

On dit qu'une commande est adjacente, puisque pour le même bras de l'onduleur (par exemple K_1 et K_2) de la figure $II.1$. L'ouverture de l'un est suivie immédiatement par la fermeture de l'autre. Là nous apparaît l'inconvénient majeur de ce type de commande qui risque un court-circuit de la source de tension continue (batterie) pendant la commutation.

La figure *II*.2. donne le schéma global de la simulation sous *PSIM* de l'onduleur et sa commande.

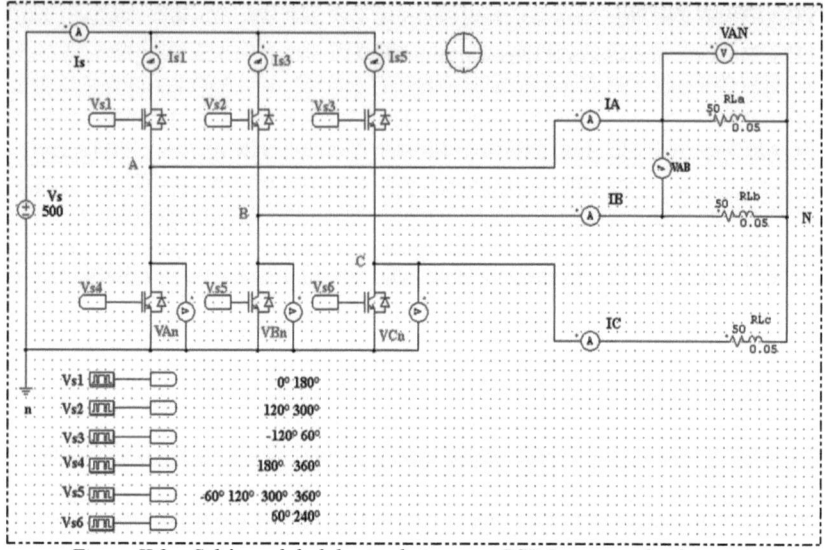

Figure II.2. : Schéma global de simulation sous PSIM, commande plein onde

La simulation de ce montage nous a permis de relever les courbes que nous exposons (on a pris $V_s = 500V$ à titre d'exemple).

II.1.2.1. Génération des impulsions de commande

La génération des impulsions V_{S1}, V_{S2}, V_{S3}, V_{S4}, V_{S5} et V_{S6} pour les interrupteurs des phases A, B et C est représenté sur la figure II. 3.

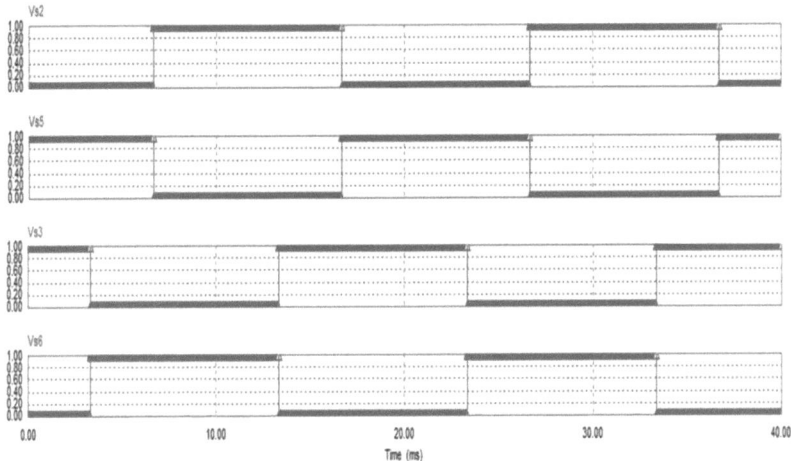

Figure II.3. : Les impulsions de commande des bras de l'onduleur

II.1.2.2. Les tensions de branche ; V_{An}, V_{Bn}, V_{Cn}

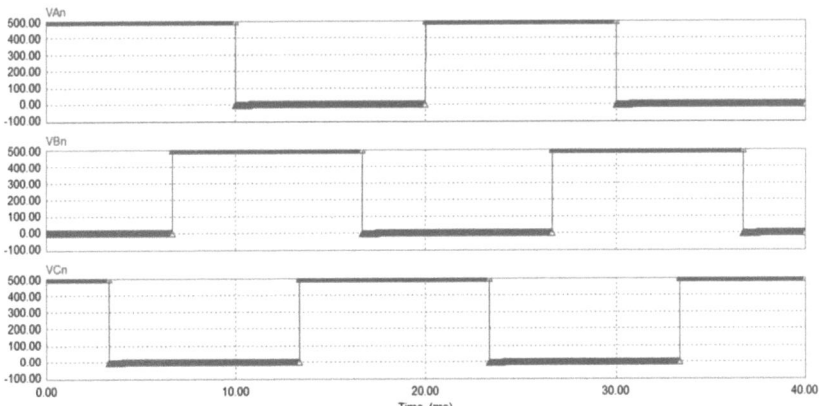

Figure II.4. : Allure des tensions branche

La figure II. 4. représente l'allure des tensions de chacune des phases par rapport à la polarité négative de la source continue. D'après ces allures, on remarque que les tensions de branches V_{An}, V_{Bn} et V_{Cn} respectent les intervalles de fonctionnement des interrupteurs S_1, S_2 et S_3 respectivement.

II.1.2.3. Les tensions composées V_{AB}, V_{BC}, V_{CA}

Sur la figure II.5., on a représenté les tensions entre phases du système, obtenues par composition des tensions de phases. Ainsi $V_{AB} = V_A - V_B$, $V_{BC} = V_B - V_C$, $V_{CA} = V_C - V_A$.

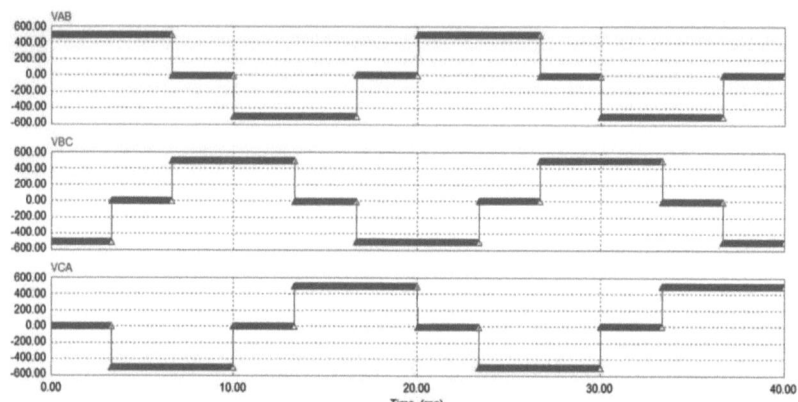

Figure II.5.: Allure des tensions composées

La décomposition en série de fourrier de la tension composée instantanée V_{AB}, voir figure *II.5* est :

$$V_{AB} = \sum_{n=1}^{\infty} \frac{4V_s}{n\pi}.\cos\left(\frac{n\pi}{6}\right).\sin\left[n\left(wt + \frac{\pi}{6}\right)\right]$$

On remarque que les harmoniques paires sont nulles. Les tensions V_{BC} et V_{CA} sont décalées par rapport à V_{AB} respectivement de $\frac{2\pi}{3}$ et $\frac{4\pi}{3}$;

$$V_{BC} = \sum_{n=1}^{\infty} \frac{4V_s}{n\pi}.\cos\left(\frac{n\pi}{6}\right).\sin\left[n\left(wt - \frac{\pi}{2}\right)\right]$$

$$V_{CA} = \sum_{n=1}^{\infty} \frac{4V_s}{n\pi}.\cos\left(\frac{n\pi}{6}\right).\sin\left[n\left(wt - \frac{\pi}{6}\right)\right]$$

On remarque qu'il n'y a pas d'harmonique d'ordre 3, ni d'ordre égal à un multiple de 3 dans les tensions entre phases dans notre système triphasé.

◊ **Valeur efficace de la tension composée :**

$$V_{AB_{eff}} = \sqrt{\frac{2}{2\pi} \int_0^{\frac{2\pi}{3}} V_s . dt} \;\; \rightarrow \;\; V_{AB_{eff}} = \sqrt{\frac{2}{3}} . V_s$$

La tension de sortie délivrée par le hacheur survolteur qui est la tension d'entrée de l'onduleur doit être $V_s = 490V$, pour avoir $V_{AB_{eff}} = 400V$. Pour $n = 1$ la valeur efficace de la composante fondamentale de la tension composé est ;

$$V_{AB_{eff_1}} = \frac{4}{\sqrt{2}.\pi} . V_s \cos\left(\frac{\pi}{6}\right) \;\; \rightarrow \;\; V_{AB_{eff_1}} = 311,87V$$

II.1.2.4. Les tensions simple V_{AN}, V_{BN}, V_{CN}

Dans le cas d'une charge triphasé équilibrée couplé en étoile, les tensions entre neutre et lignes ont l'allure suivant ;

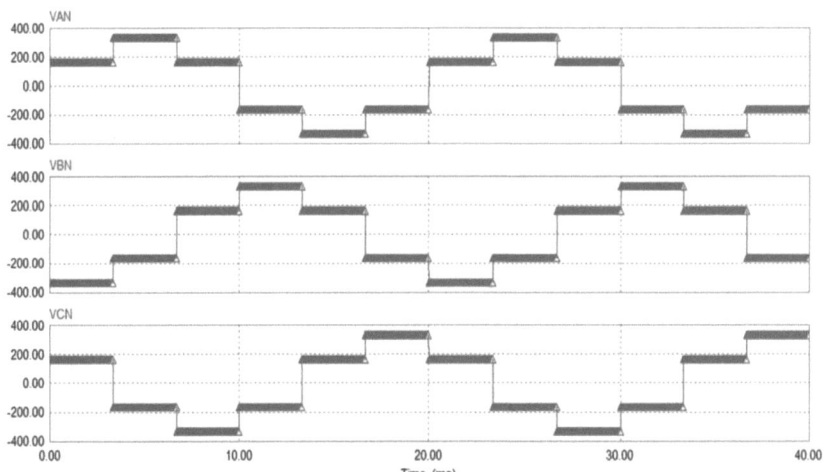

Figure II.6.: Allure des tensions simples

◊ **Valeur efficace de la tension simple :**

$$V_{AN_{eff}} = \frac{V_{AB_{eff}}}{\sqrt{3}} \;\; \rightarrow \;\; V_{AN_{eff}} = \frac{\sqrt{2}}{3} . V_s \;\; \rightarrow \;\; V_{AN_{eff}} = 230,94V$$

II.1.2.5. Courant de charge

Pour visualiser les formes d'ondes des courant I_A, I_B et I_C, on a posé une charge RL ; 50Ω et 50mH(Figure II. 2.).

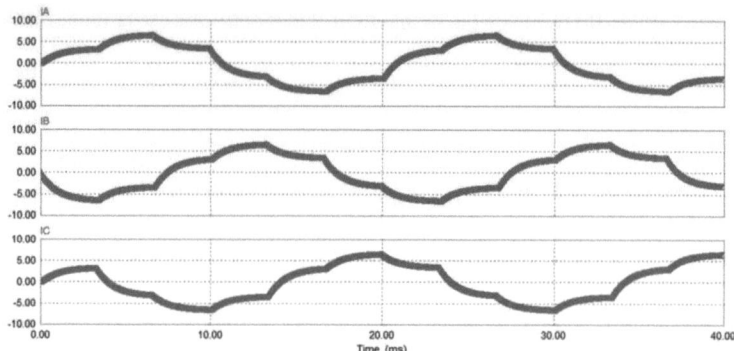

Figure II.7.: Allure des courants de ligne

🔖 Courant circulant dans les branches de l'onduleur :

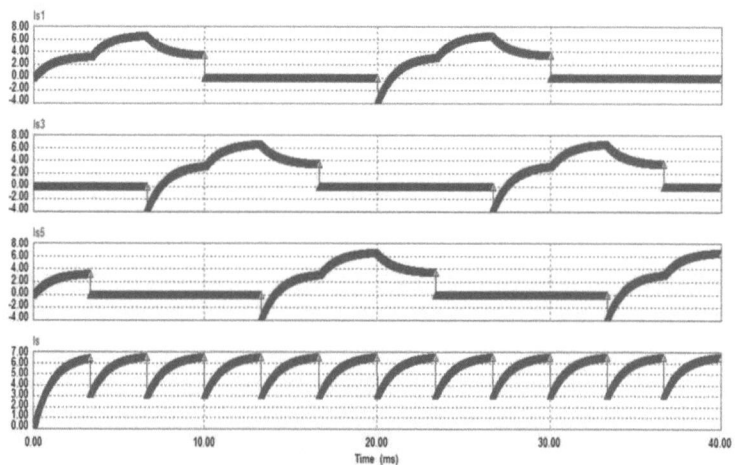

Figure II.8.: Allure des courants branches d'onduleur

Le courant de la source continue V_s est égal à la somme des trois courants des branches (figure II.8.).

$$I_s = I_1 + I_3 + I_5$$

II.1.2.6. Analyse spectrale

Analyse spectrale de la tension simple et composée de sortie de l'onduleur.

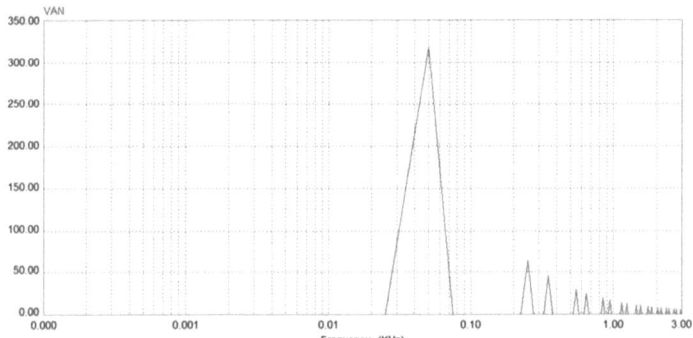

Figure II.9. : Spectre de tension de sortie simple avec la commande plein onde

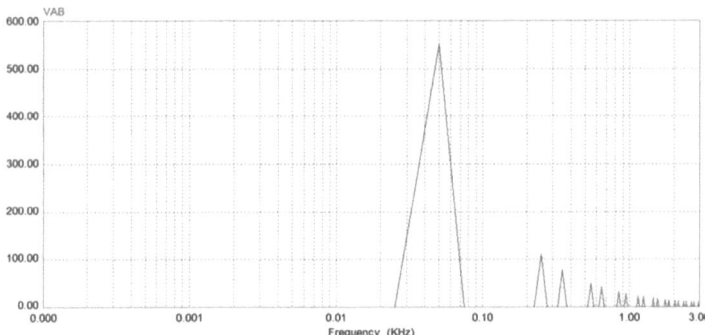

Figure II.10. : Spectre de tension de sortie composée avec la commande plein onde

Les spectres des tensions composée et simple aux bornes de la charge montrent que ces dernières comportent en plus du fondamental des paquets d'harmoniques d'amplitudes négligeable lorsque la fréquence augmente.

🌿 Calcul de taux distorsion d'harmonique THD :

$$THD = \sqrt{1 - \left[\frac{U_{AB_{1eff}}}{U_{AB_{eff}}}\right]^2} = \sqrt{1 - \left[\frac{311,87}{400}\right]^2} \rightarrow THD \approx 62\%$$

L'onduleur étudié jusqu'a ici, délivre des ondes rectangulaires, ou en créneaux, comportant un taux d'harmoniques important. On remarque que les tensions de sortie de l'onduleur (simple et composée) comporte des harmoniques proches du fondamentale et qui ont des amplitudes important.

Pour atténuer les harmoniques contenues dans ces ondes, et surtout les harmoniques qui sont proches du fondamentale, on peut placer à la sortie de l'onduleur un filtre passe bas. Dans une alimentation statique alternative, le filtre est un élément d'un poids élevés. Ainsi donc, pour diminuer ce poids, on préfère dans certains cas faire appel à une technique de commande d'onduleurs plus sophistiquées, mais dont le bilan total est positif. Cette technique est la modulation de largeur d'impulsion *MLI* générée par la comparaison de signaux sinus triangle.

II.1.3. Commande *MLI* sinus triangle

La technique de *MLI* qu'on peut appliquer à ce type d'onduleur est basée sur la comparaison de trois références à un signal triangulaire de plus haute fréquence dans le but de déterminer les états des interrupteurs de l'onduleur et avoir des ondes de sorties proches que possible de la forme sinusoïdale.

Ainsi les états des interrupteurs de l'onduleur sont déterminés comme suit :

$$\text{Si } V_{ref1} > V_{tri} \text{ alors } s_1 = 1 \text{ si non } s_1 = 0$$
$$\text{Si } V_{ref2} > V_{tri} \text{ alors } s_2 = 1 \text{ si non } s_2 = 0$$
$$\text{Si } V_{ref3} > V_{tri} \text{ alors } s_3 = 1 \text{ si non } s_3 = 0$$

Il est à noter que les interrupteurs d'un même bras sont commandés d'une façon complémentaire. La figure II.11.illustre le principe de la *MLI* appliquée à l'onduleur triphasé pour $r = 0.8$ et $m = 4$ respectivement l'indice de modulation en amplitude et l'indice de modulation en fréquences, et ce à titre d'exemple.

II.1.3.1. Génération des signaux de commande MLI

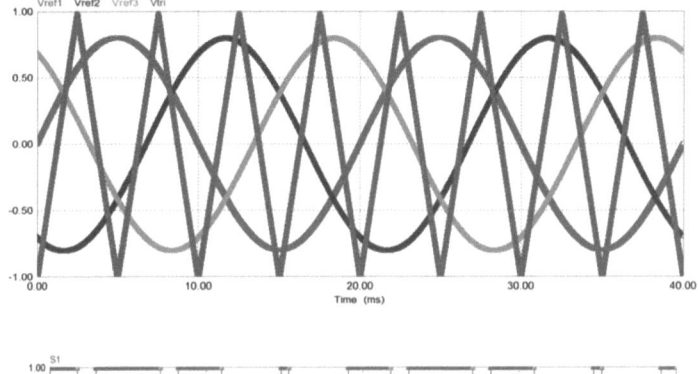

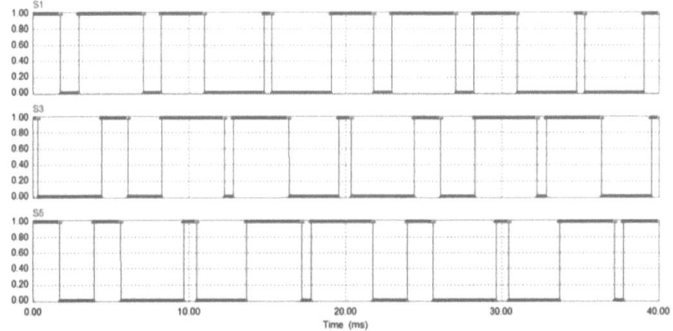

Figure II.11.: Principe de génération de la MLI

🌿 Indice de modulation d'amplitude **r** :

C'est le rapport entre l'amplitude maximal du signal de référence V_{ref} et l'amplitude maximale du signal triangulaire V_{tri}, il permet de varier l'amplitude de la fondamentale de la tension sortie de l'onduleur V_{s_ond} :

$$V_{s\_ond} = r.V_s$$

$$r = \frac{V_{s\_ond}}{V_s}$$

🌿 Indice de modulation de fréquence **m** :

C'est le rapport entre la fréquence du signal triangulaire et la fréquence du signal de référence :

$$m = \frac{f_{tri}}{f_{ref}}$$

Les figures $II.12.$, $II.13.$ et $II.14.$ montrent le montage de simulation et les tensions de sortie composée V_{AB} et simple V_{AN} avec des indices de modulation $r = 0.8$ et $m = 100$.

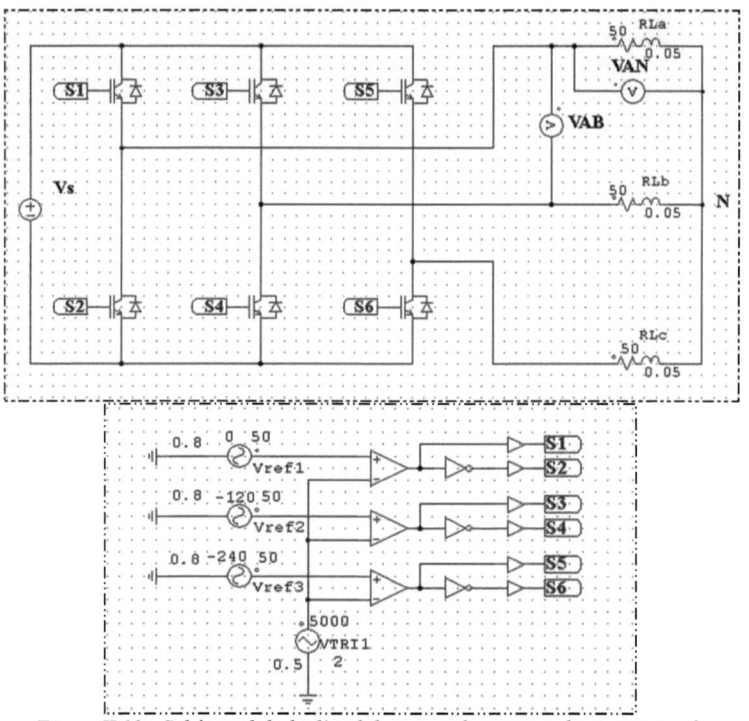

Figure II.12.: Schéma globale d'onduleur avec la commande sinus triangle

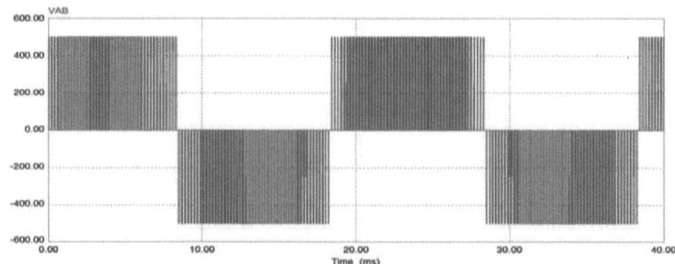

Figure II.13.: Tension de sortie composée de l'onduleur triphasé

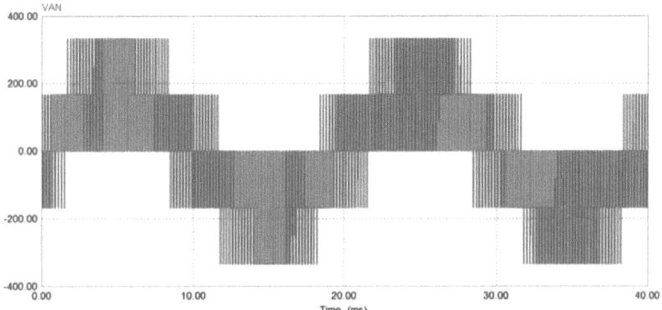

Figure II.14.: *Tension de sortie simple de l'onduleur triphasé*

II.1.3.2. Analyse spectrale

Les figures *II*. 15., *II*. 16., *II*. 17. et *II*. 18. montrent les spectres d'harmoniques de la tension de sortie simple V_{AN}, pour différentes valeurs de m et r.

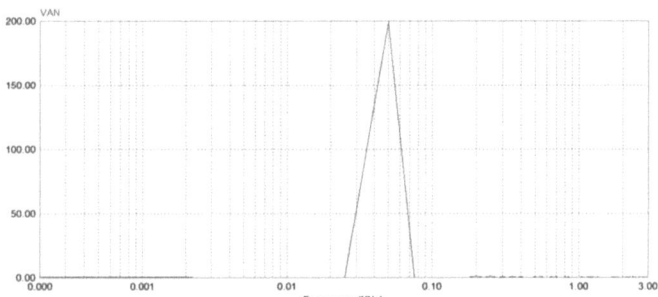

Figure II.15.: *Spectre de la tension de sortie simple pour* $r = 0.8$ *et* $m = 100$

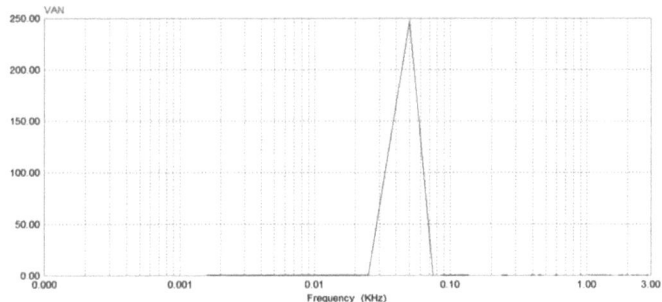

Figure II.16.: *Spectre de la tension de sortie simple pour* $r = 0.99$ *et* $m = 100$

On remarque que l'amplitude du fondamental augmente proportionnellement avec l'indice de modulation d'amplitude alors que les autres harmoniques subit des affaiblissements pour des fréquences élevées.

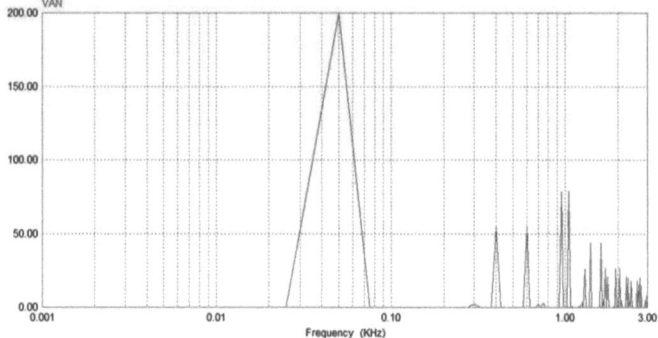

Figure II.17.: Spectre de la tension de sortie simple pour $r = 0.8$ et $m = 10$

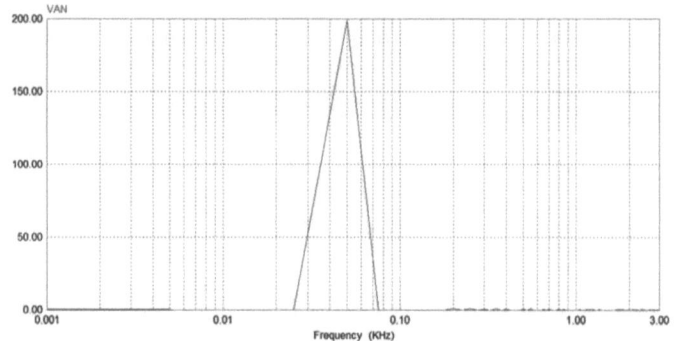

Figure II.18.: Spectre de la tension de sortie simple pour $r = 0.8$ et $m = 100$

On remarque bien que plus la fréquence de *MLI* augmente est plus les harmoniques sont repoussées vers les fréquences d'ordre supérieures.

✥ **Valeurs obtenues par simulation sous *PSIM*:**

V_s	778	781	785	788	792	795	799	802	806	810	813	817	820
$V_{AN_{Fon_{eff}}}$	219	220	221	222	223	224	225	226	227	228	229	230	231
$U_{AB_{Fon_{eff}}}$	379	380	382	385	386	388	390	391	393	395	397	399	400

Tableau II.1. : Valeurs de Vs obtenus par simulation avec r=0.8 et m=100

On a donc simulé deux types de commande. La commande plein onde délivre une tension comportant des harmoniques qui sont proches du fondamentale avec une amplitude importante qui se traduit par une mauvaise qualité d'énergie, c'est pour cette raison qu'on est passé à la commande *MLI* sinus triangle. Avec cette technique, on a constaté que les harmoniques seront repoussées vers la haute fréquence, mais plus on augmente la fréquence de commutation plus la valeur efficace de la tension de sortie diminue grâce aux pertes dues aux commutations. Les contraintes de cette technique sont les composants utilisées qui limitent leur exploitation au maximum.

Il est claire que le spectre de tensions charge montre bien que ces dernières comportent en plus du raie fondamentale ($f_f = 50Hz$) des bruits de plusieurs variante, ce qui nous amène à l'utilisation d'un filtre à la sortie du circuit onduleur pour éliminer le maximum possible des harmoniques.

II.2. Dimensionnement des semi-conducteurs de puissance ($IGBT$)

En utilisant le diagramme de puissance – fréquence des semi-conducteurs (Figure $II.35.$) et selon les données imposées par notre cahier des charges on constate que la technologie la plus adéquate à notre application c'est de l' *IGBT*(Insolate Gâte Bipolar Transistor) ;

$V_s = 800V$; Tension d'entrée de l'onduleur (on a choisi cette valeur à partir du tableau $II.1.$ de façon à avoir $V_{AN_{Fon_{eff}}} = \langle 225 \pm 5 \rangle V$).

$P_{ch} = 3KW$: Puissance charge.

$I_{ch\_eff} = 6A$: Courant charge par phase.

$f_c = 5KHz$; Fréquence de commutation.

Les critères de choix d'un *IGBT* à utiliser dans le circuit de puissance de l'onduleur sont : [**Annexe B**]

$V_{CES} > V_{CE|max} = 800V$ (État bloqué) et $I_{C(DC)} > I_{Ceff} = 6A$.

Avec :

$V_{CE|max}$: La tension maximale supportée par l'*IGBT* à l'état bloqué.

$I_{C(DC)}$: Courant direct traversant le semi conducteur de puissance à l'état passante.

II.3. Filtre de sortie [1]

L'utilisation d'un filtre à la sortie est destinée à obtenir une tension sensiblement sinusoïdale à partir de la tension en créneaux délivrée par l'onduleur de tension. Puisque la fréquence du fondamentale est de valeur basse, on utilise un filtre passe bas de type LC comme le montre la figure suivant :

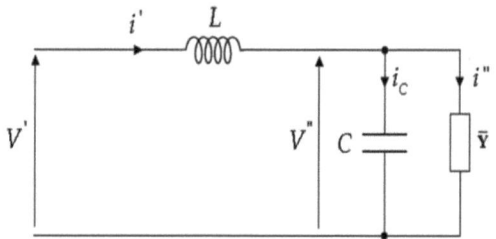

Figure II.19.: *Schéma du filtre **LC** pour une seul phase*

L'expression de la fonction de transfert qui relie les grandeurs d'entrée et de sortie du filtre est ;

$$\overline{V_n}'' = \frac{\frac{\overline{Z_n}}{1+jCnw\overline{Z_n}}}{jLnw + \frac{\overline{Z_n}}{1+jCnw\overline{Z_n}}} \overline{V_n}' = \frac{\frac{1}{\overline{Y_n}}}{jLnw + \frac{1}{1+\frac{jCnw}{\overline{Y_n}}}} \overline{V_n}' \Rightarrow \frac{\overline{V_n}''}{\overline{V_n}'} = \frac{\frac{1}{\overline{Y_n}+jCnw}}{jLnw + \frac{1}{\overline{Y_n}+jCnw}} ;$$

$$\frac{\overline{I_n}''}{\overline{I_n}'} = \frac{\overline{Y_n}}{\overline{Y_n}+jCnw}$$

Avec $\overline{Y_n}$ est l'admittance de la charge pour le terme de pulsation nw ;

$\overline{Y_n} = G_n - jB_n = Y_n(\cos\varphi_n - j\sin\varphi_n)$, φ_n est positif si l'harmonique n du courant i'' est déphasé en arrière de l'harmonique n de la tension V''.

On peut caractériser le filtre par L et C ou par sa pulsation propre W_f et sa conductance G_f ;

$$w_f = \frac{1}{\sqrt{LC}} \Rightarrow \frac{\overline{V_n}''}{\overline{V_n}'} = \frac{1}{1-(\frac{nw}{w_f})^2 + jLnw\overline{Y_n}} \quad ; \quad \frac{\overline{I_n}''}{\overline{I_n}'} = \frac{1}{1+\frac{jCnw}{\overline{Y_n}}}$$

$$G_f = \sqrt{\frac{C}{L}} \;\rightarrow\; \frac{\overline{V_n}''}{\overline{V_n}'} = \frac{1}{1-(\frac{nw}{w_f})^2 + j\left(\frac{nw}{w_f}\right)\frac{\overline{Y_n}}{G_f}} \quad ; \quad \frac{\overline{I_n}''}{\overline{I_n}'} = \frac{1}{1+j\left(\frac{nw}{w_f}\right)\frac{G_f}{\overline{Y_n}}}$$

Pour montrer l'influence de la charge sur le comportement du filtre, on trace les variations du rapport $\frac{V_n''}{V_n'} = f(\frac{nw}{w_f})$ pour les différents régimes de fonctionnements et des types de charge,

$$\frac{V_n''}{V_n'} = \frac{1}{\sqrt{\left[1-(\frac{nw}{w_f})^2\right]^2 + \left[\left(\frac{nw}{w_f}\right)\frac{\overline{Y_n}}{G_f}\right]^2}} \quad ; \text{A vide } \overline{Y}_n = 0 \text{ puis en charge successivement}$$

pour $\overline{Y}_n$ égal à : G_f(Charge purement résistive), jG_f (Charge purement inductive), $-jG_f$(Charge purement capacitive).

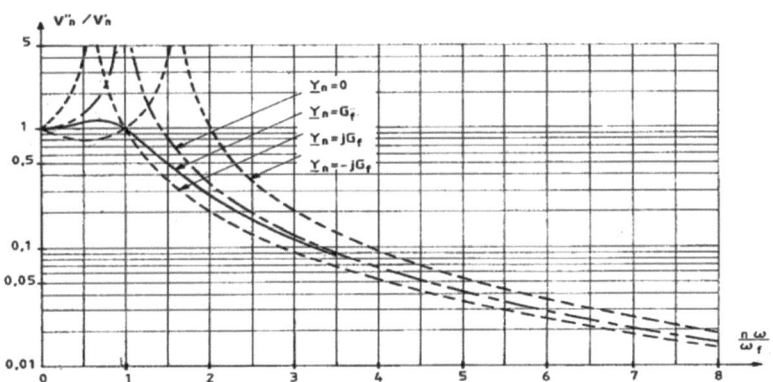

Figure II.20.: courbes de variation de $\frac{V_n''}{V_n'}$ en fonction de $(\frac{nw}{w_f})$ selon le type de charge utilisé

Donc on remarque que pour les pulsations voisines de w_f, l'effet du filtre est très fortement tributaire de la charge. Ce n'est que pour les pulsations très supérieurs à w_f que l'influence de la charge est atténuée et que l'on peut confondre $\frac{V_n''}{V_n'}$ en charge avec $\frac{V_n''}{V_n'}$ à vide.

Avant d'examiner les effets du filtre sur les rapports des fondamental $\frac{V_1''}{V_1'}$ et $\frac{I_1''}{I_1'}$, on cherche à voir dans quelle zone il convient de situer le rapport $\frac{w}{w_f}$ de la fréquence du fondamental à la fréquence de résonance.

✥ Conditions imposées à la fréquence de résonance

Pour que la valeur efficace V_1'' du fondamental de la tension de sortie ne soit pas trop affectée par les variations du fondamental I_1'' du courant absorbé par la charge, il faut que, pour la valeur nominale de celui-ci, on ait :

$LwI_1'' < V_1''$ ou $LwY_1 < 1$ avec Y_1 est la valeur nominale de la charge.

Pour que le courant absorbé par le condensateur ne rende pas le courant pris à l'onduleur nettement plus important que celui fournie à la charge, il faut que l'on ait : $CwV_1'' < I_1''$ ou $\frac{Cw}{Y_1} < 1$ et par suite on a : $LwY_1 < 1$ et $\frac{Cw}{Y_1} < 1$

donc $LCw^2 < 1$

Finalement on a ;

$$\boxed{w < w_f}$$

✥ Variation de la tension de sortie :

A vide, la tension de sortie V_{10}'' est liée à la tension d'entrée par $\frac{V_n''}{V_n'} = \frac{1}{1-(\frac{nw}{w_f})^2}$,

pour I_1'' (ou Y_1) different de zero, le rapport des tensions devient ;

$$\frac{V_1''}{V_1'} = \frac{1}{\left\{\left[1 - (\frac{nw}{w_f})^2 + Lw\, Y_1 \sin \varphi_1\right]^2 + [Lw\, Y_1 \cos \varphi_1]^2\right\}^{\frac{1}{2}}}$$

Il dépend du débit et du déphasage φ_1. Pour avoir une idée sur l'influence de la valeur et de la phase du courant débité, on trace les variations du rapport $\frac{V_1''}{V_{10}''}$, à V_1' constant, en fonction de $\frac{w}{w_f}$ d'abord avec un déphasage arrière φ_1 constant correspondant à $\cos \varphi_1 = 0.8$, pour diverses valeurs de $Lw\,Y_1$, puis à $Lw\,Y_1$ constant et égal à 0.20, pour diverses valeurs de φ_1.

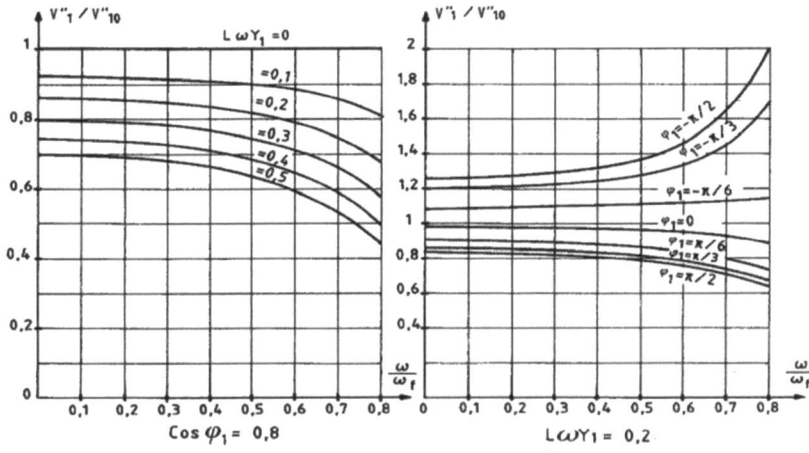

Figure II.21.: courbes de variation de $\dfrac{V_1''}{V_{10}''} = f\left(\dfrac{w}{w_f}\right)$

Lorsque $\dfrac{w}{w_f}$ est nul, c'est-à-dire lorsqu'il n'y a pas de capacité, la variation de tension due à l'inductance dépend évidemment de la valeur et de la phase du courant débité par l'onduleur. Quand $\dfrac{w}{w_f}$ croit, la variation de $\dfrac{V_1''}{V_{10}''}$ est d'abord assez lente puis elle augmente beaucoup quand w s'approche de w_f.

↳ **Augmentation du courant d'entrée absorbé par le filtre**

A cause du courant absorbé par le condensateur, le fondamental I_1' du courant consommé par l'onduleur diffère de celui I_1'' du courant fourni à la charge.

$$\dfrac{\overline{I_1}''}{\overline{I_1}'} = \dfrac{1}{1+\dfrac{jCw}{\overline{Y_1}}} \;\;\Rightarrow\;\; \dfrac{\overline{I_1}'}{\overline{I_1}''} = 1 + \dfrac{jCw}{\overline{Y_1}} \;\;\Rightarrow\;\; \dfrac{\overline{I_1}'}{\overline{I_1}''} = 1 + \dfrac{jCw}{Y_1(\cos\varphi_1 - j\sin\varphi_1)}$$

$$\Rightarrow\;\; \dfrac{I_1'}{I_1''} = \sqrt{\left(1 - \dfrac{Cw}{Y_1}\sin\varphi_1\right)^2 + \left(\dfrac{Cw}{Y_1}\cos\varphi_1\right)^2}$$

Pour montrer la variation du rapport de courants absorbé et fournie par le filtre en fonction du type de la charge connectée à la sortie. On a tracé la courbe ci-contre de $\frac{I_1'}{I_1''} = f(\frac{Cw}{Y_1})$.

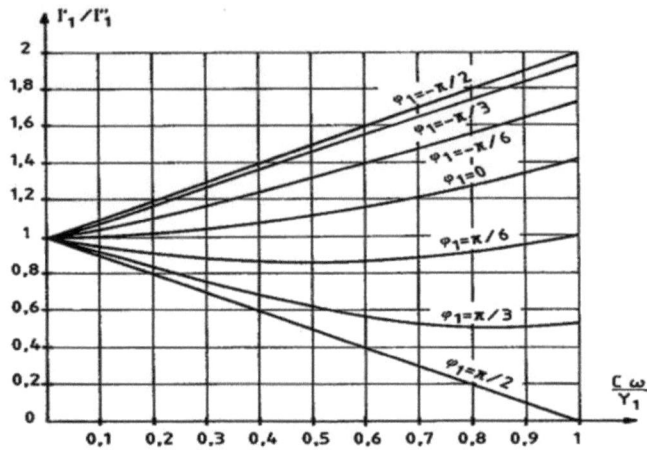

Figure II.22.: courbes de variation de $\frac{I_1'}{I_1''} = f(\frac{Cw}{Y_1})$

On remarque que quand φ_1 est négatif (charge capacitive), l'augmentation de $\frac{Cw}{Y_1}$ augmente le rapport $\frac{I_1'}{I_1''}$. Quand φ_1 est positive (charge inductive), l'augmentation de C diminue d'abord $\frac{I_1'}{I_1''}$; ce rapport est minimum pour $CwY_1 = \sin\varphi_1$ car la puissance réactive crée par la capacité compense celle absorbée par la charge, puis le rapport $\frac{I_1'}{I_1''}$ croit.

↳ Choix de L et C :

L'étude des effets du filtre sur le fondamental et sur les harmoniques nous permet de déterminer la valeur à donner à w_f et donc au produit LC, en effet on a : $w \ll w_f$ ➔ On a choisie $f_f = 10\, f_{fond} = 500Hz$

$C\ (\mu F)$	8	10	11	12	13	14	15	16	17	18	19	20
$L(mH)$	12.66	10.14	9.2	8.44	7.8	7.23	6.75	6.33	5.96	5.62	5.33	5.06

Tableau II.2. : Détermination des valeurs de L et C

↳ Simulation :

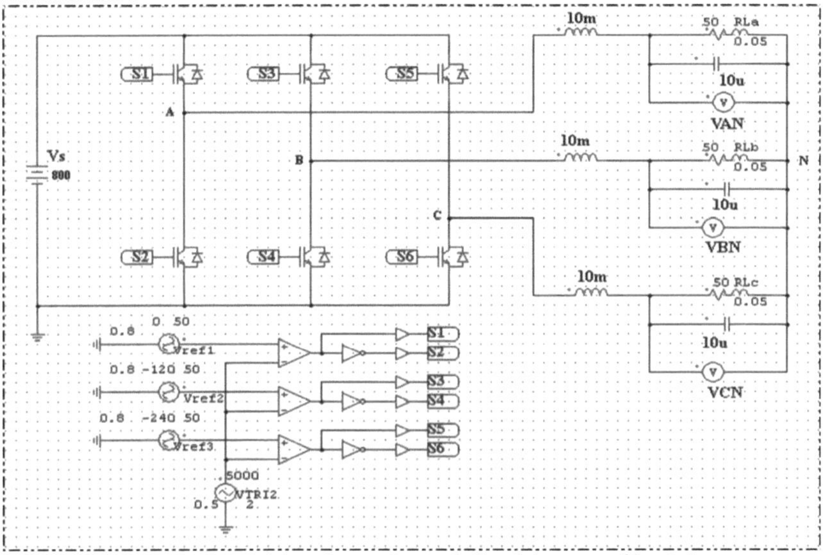

Figure II.23.: Schéma de simulation de l'onduleur avec filtre LC

↳ Formes d'ondes des tensions simples aux bornes de la charge obtenue par simulation :

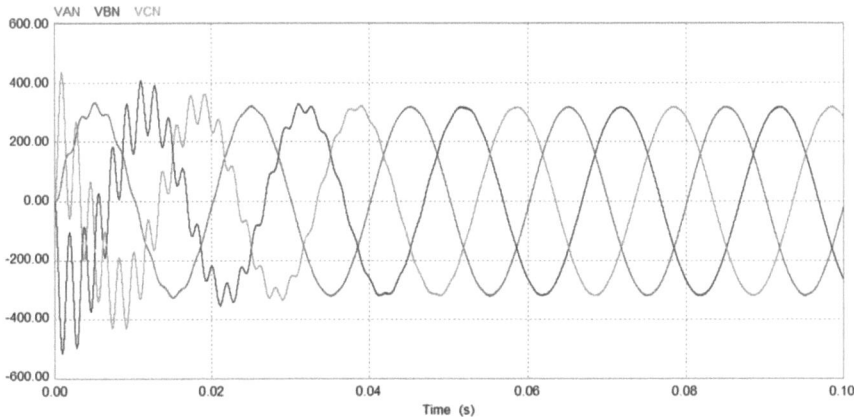

Figure II.24.: Allure des tensions simple filtrées aux bornes de la charge

Comme il est montré ci-contre les tensions appliquées à la charge démarrent instable au début puis elles prendraient la forme sinusoïdale âpres un certain temps ce qui montre l'effet du régime transitoire du filtre.

⇨ Formes d'ondes de courants lignes obtenues par simulation :

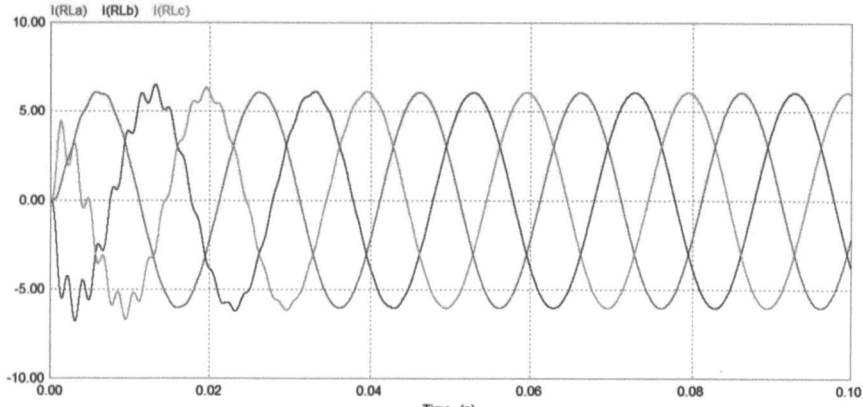

Figure II.25.: Allure des courants charge

On remarque que le temps pris par les courants charge pour qu'ils se stabilisent est moins important que celui pris par les tensions.

⇨ Spectre de tension V_{AN} pour $L = 10mH$ et $C = 10\mu F$;

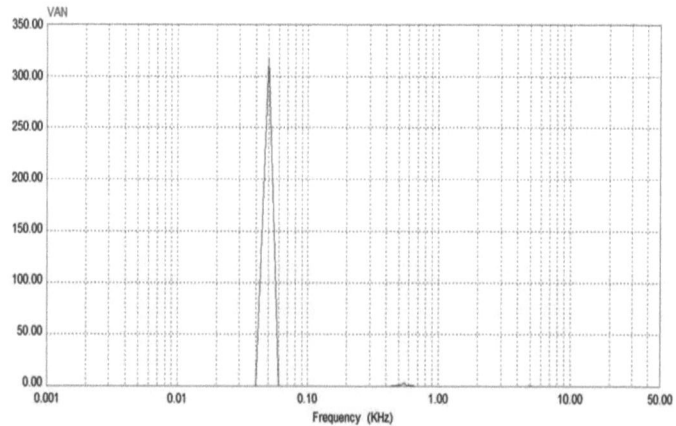

Figure II.26.: Spectre de tension charge simple avec les valeurs de L et C obtenu

Après la simulation le meilleur résultat obtenu est celui montré par le graphe du spectre ci-dessus. En plus du raie fondamental on remarque seulement un seul harmonique d'amplitude négligeable pour $f = 0.55 KHz$. Donc on retient les valeurs de L et C à utiliser en pratique suivants : $\boxed{L = 10mH \text{ et } C = 10uF}$

II.4. Circuit d'aiguillage de l'alimentation de la charge réseau STEG / Onduleur de tension [3]

Puisque notre onduleur sera utilisé comme une source de secours en cas d'échec du réseau $STEG$, il nous faut un circuit d'aiguillage automatique qui permet le branchement de la charge sur l'onduleur dès l'apparition d'un défaut réseau. En effet ce dernier se charge de connecter la charge sur le réseau lorsqu'on le met en marche, dès qu'il détecte l'absence de la tension réseau il assure le branchement sur l'onduleur. Pour des raisons de sécurité on a amené à introduire un verrouillage mécanique pour empêcher la fermeture de deux contacteurs en même temps comme le montre le schéma suivant :

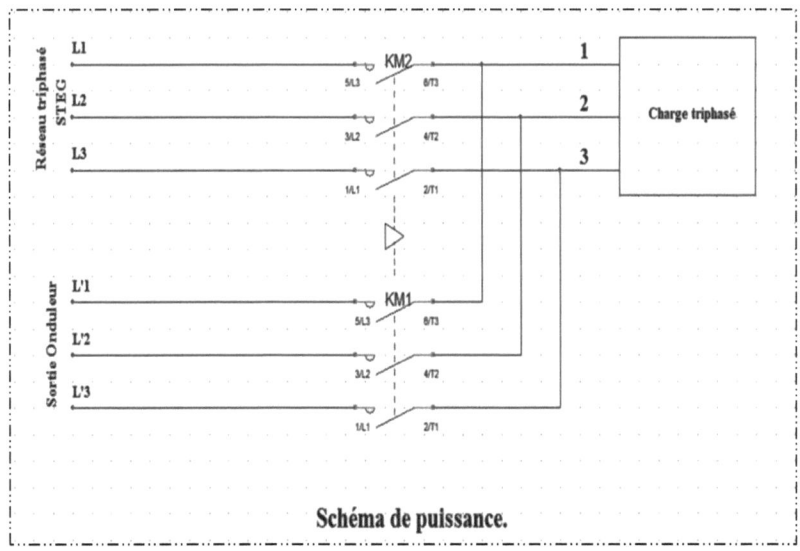

Figure II.27.: Circuit d'aiguillage onduleur/réseau STEG « schéma de puissance »

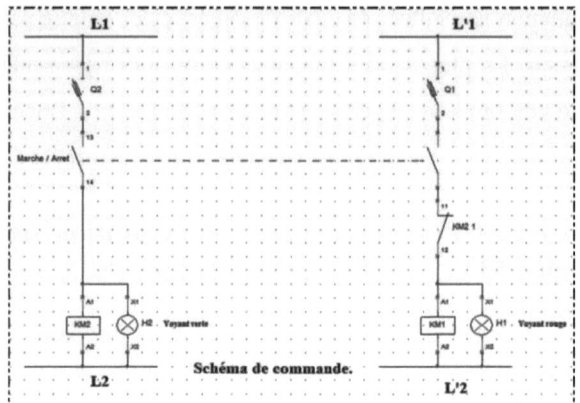

Figure II.28.: Circuit d'aiguillage onduleur/réseau STEG « schéma de Commande »

Une action sur l'interrupteur Marche excite la bobine du contacteur $KM2$ ce qui provoque ;
- L'alimentation de la charge à partir du réseau $STEG$ qui sera signalé par l'allumage du voyant $H2$.
- Le verrouillage du contacteur $KM1$ à travers son contact auxiliaire $KM21$ qui se trouve ouvert.

L'apparition d'un défaut réseau $STEG$ provoque ;
- La désexcitation de la bobine du contacteur $KM2$ et l'excitation de la bobine du contacteur $KM1$, le voyant $H1$ étant allumé indiquant que la charge est alimentée depuis notre onduleur de tension.
- Même si le défaut du réseau $STEG$ ne dure qu'un temps court et que ce dernier reprend son fonctionnement, la bobine du contacteur $KM2$ sera alimentée automatiquement, ce qui entraine la désexcitation de la bobine du contacteur $KM1$ et l'alimentation de la charge de nouveau à partir du réseau.

II.5.   Circuit d'adaptation DC – DC

Suivant l'étude que nous avons fais sur l'onduleur triphasé il nous faut une tension de 800V (avec un indice de modulation d'amplitude $r = 0.8$) à l'entrée pour avoir une tension alternatif simple à la sortie de valeur efficace $(225 \pm 5)V$. En tenant compte des contraintes économique, on a choisi une batterie de tension 48V. Cela nous amène à l'utilisation d'un convertisseur continu/continu de type élévateur de tension pour arriver à notre but, c'est le montage hacheur de type boost (appelé également hacheur survolteur ou parallèle). Ce type de convertisseur statique permet de convertir une tension continue en une autre tension continue de plus forte valeur.

Dans un premier temps, nous étudierons le fonctionnement de cette structure afin de déterminer les relations entre les différents signaux électriques. Puis, nous essaierons de dimensionner les différents éléments qui la composent à partir des spécifications imposés par le cahier des charges.

II.5.1. Fonctionnement du hacheur Boost

✥ **Présentation du circuit**

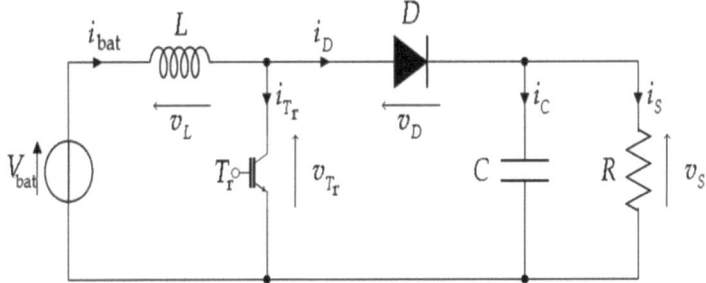

Figure II.29.: Schéma de principe d'un hacheur Boost

Le schéma de principe d'un hacheur Boost est donné par la figure ci-dessus. Cette structure est composée principalement d'une inductance L et de deux interrupteurs T_r et D. Selon l'état de ces deux interrupteurs, on peut distinguer deux phases de fonctionnement :

- La **phase active** lorsque l'interrupteur T_r est fermé et l'interrupteur D est ouvert. Durant cette séquence, le courant traversant l'inductance L va augmenter linéairement et une énergie W_L est stockée dans L. Le condensateur C fournit de l'énergie à la charge R.

- La **phase de roue libre** lorsque l'interrupteur T_r est ouvert et l'interrupteur D est fermé. Durant cette séquence, l'énergie emmagasinée dans l'inductance L est restituée au condensateur et à la charge R. Lors de cette phase, le fait que l'inductance L soit en série avec la source de tension d'entrée permet d'obtenir un montage survolteur.

La figure *II.30.* présente l'allure du signal de commande appliqué à l'interrupteur T_r. C'est un signal rectangulaire de fréquence f dont la largeur de la durée à l'état haut (durée de conduction de l'interrupteur T_r, notée T_{ON}) est ajustée par le paramètre α. Ce paramètre, appelé rapport cyclique, est défini comme étant le rapport entre la durée de conduction de l'interrupteur T_r et la période de découpage T de celui-ci : $\alpha = \frac{T_{ON}}{T}$, On a : $T = T_{ON} + T_{OFF}$, où T_{OFF} correspond à la durée de blocage de l'interrupteur T_r.

La durée de conduction T_{ON} est compris entre 0 et T donc, le rapport cyclique est compris entre 0 et 1. On peut exprimer la durée de conduction et de blocage de l'interrupteur T_r en fonction de α et T :

- Durée de conduction : $T_{ON} = \alpha T$
- Durée de blocage : $T_{OFF} = (1 - \alpha)T$

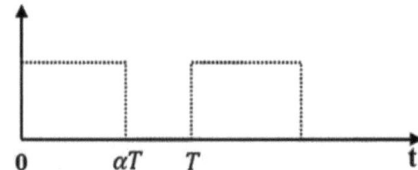

Figure II.30.: Signal de commande de l'interrupteur T_r

Dans l'étude qui suit, nous ferons les hypothèses suivantes :
- La tension d'alimentation V_{bat} est parfaitement continue et constante.
- La valeur du condensateur C est suffisamment grande afin de pouvoir considérer la tension de sortie V_s comme continue.

- Les composants sont idéaux.

On peut distinguer deux régimes de conduction :

- La conduction continue qui correspond au cas où le courant i_L traversant l'inductance ne s'annule jamais.
- La conduction discontinue qui correspond au cas où le courant i_L traversant l'inductance s'annule avant la prochaine phase active

Dans la suite on explique le comportement de la structure en fonction de ces deux régimes de conduction. L'objectif principal est de déterminer les relations reliant les grandeurs électriques d'entrée et de sortie du convertisseur ainsi que les formules permettant de dimensionner les différents composants.

✣ **Conduction continue :**

- **Séquence 1 :** Phase active ; $0 < t < \alpha T$

À l'instant $t = 0$, on ferme l'interrupteur T_r pendant une durée αT. La tension aux bornes de la diode D est égale à $V_D = V_{T_r} - V_s$. Comme l'interrupteur T_r est fermé, on a $V_{T_r} = 0$, ce qui implique $V_D = -V_s$. La diode est donc bloquée puisque $V_s > 0$. Dans ces conditions, on obtient alors le schéma équivalent de la figure ci-dessous.

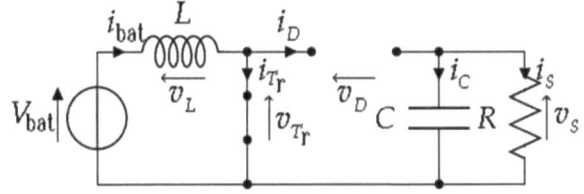

Figure II.31.: Schéma équivalent du hacheur Boost durant la phase active

La tension aux bornes de l'inductance est alors :

$$V_L = V_{bat} = L\frac{di}{dt} > 0$$

En résolvant cette équation différentielle, on obtient l'expression suivante qui exprime l'évolution du courant traversant l'inductance :

$$i_L = \frac{V_{bat}}{L} t + I_{L_{min}}$$

- **Séquence 2 :** Phase de roue libre ; $\alpha T < t < T$

À l'instant $t = \alpha T$, on ouvre l'interrupteur T_r pendant une durée $(1 - \alpha)T$. Pour assurer la continuité du courant, la diode D entre en conduction. On obtient alors le schéma équivalente de la figure ci-dessous ;

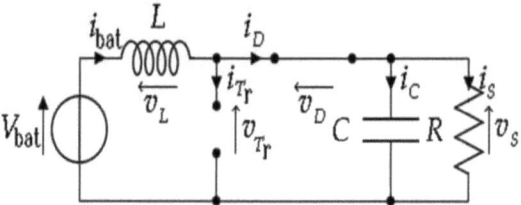

Figure II.32.: Schéma équivalent du hacheur Boost durant la phase de roue libre

La tension aux bornes de l'inductance est alors: $V_L = V_{bat} - V_s = L \frac{di_L}{dt} < 0$. En résolvant cette équation différentielle, on obtient la formule suivante qui exprime l'évolution du courant traversant l'inductance :

$$i_L = \frac{V_{bat} - V_s}{L}(t - \alpha T) + I_{L_{max}}$$

- **Expression de V_s et I_s :**

Par définition : $\langle V_L \rangle = \frac{1}{T}\int_0^T V_L . dt = \frac{1}{T}\left(\int_0^{\alpha T} V_{bat} . dt + \frac{1}{T}\int_{\alpha T}^T (V_{bat} - V_s) dt\right)$

Comme la tension moyenne aux bornes d'une inductance est nulle, on peut écrire :

$$\langle V_L \rangle = \alpha V_{bat} + (V_{bat} - V_s)(1 - \alpha) = 0$$

Et finalement, on obtient la relation suivante :

$$V_s = \langle v_s(t) \rangle = \frac{V_{bat}}{1 - \alpha}$$

Le rapport cyclique α est compris entre 0 et 1 donc la tension de sortie V_s est nécessairement supérieure à la tension d'entrée V_{bat} (montage survolteur).

Si on suppose que le courant d'entrée est parfaitement continu, on peut écrire :

$$I_s = \langle i_s(t) \rangle = \frac{1}{T} \int_{\alpha T}^{T} I_{bat} . dt$$

Ce qui conduit à ;

$$\boxed{I_s = I_{bat}(1 - \alpha)}$$

Cette expression montre bien que le hacheur Boost est un abaisseur de courant. Au regard de ces différentes expressions, on peut remarquer que le rapport cyclique α permet de régler la tension moyenne de sortie (respectivement le courant moyen de sortie) pour une tension moyenne d'entrée donnée (respectivement un courant moyen d'entré). Il est donc possible de régler le transfert moyen de puissance entre l'entrée et la sortie de la structure à partir du rapport cyclique α.

Le transfert moyen de puissance est :

$$\boxed{P = \langle p \rangle = (1 - \alpha) V_s . I_{bat}}$$

- **Expression de ΔI_L :**

L'ondulation absolue du courant i_L est défini par $\Delta I_L = I_{L_{max}} - I_{L_{min}}$. A partir des relations précédentes, à $t = \alpha T$, on peut écrire $I_{L_{max}} = \frac{V_{bat}}{L} \alpha T + I_{L_{min}}$ on en deduit l'expression de ΔI_L suivante ; $\Delta I_L = \frac{\alpha . V_{bat}}{L.f}$ Cette expression nous montre que l'ondulation en courant diminue lorsque la fréquence de commutation f ou la valeur de l'inductance L augmente.

Comme $V_{bat} = V_s(1 - \alpha)$, on peut écrire :

$$\Delta I_L = \frac{\alpha(1-\alpha).V_s}{L.f}$$

En résolvant $\frac{d\Delta I_L}{d\alpha} = 0$, on trouve que l'ondulation en courant ΔI_L est maximale pour $\alpha = \frac{1}{2}$. Le dimensionnement de l'inductance L, à partir d'une ondulation en courant donnée, s'effectue à l'aide l'inéquation suivante :

$$L \geq \frac{V_s}{4f\Delta I_{L_{max}}}$$

- **Ondulation de tension ΔV_S :**

Pour déterminer l'expression de l'ondulation en tension ΔV_S, on fait l'hypothèse que le courant I_S est parfaitement constant. On a la relation suivante $i_C = C\frac{dV_s}{dt}$ or, pour

$0 \leq t \leq aT$: On a $i_C = -I_s$. La résolution de cette équation différentielle nous donne :

$$V_s = -\frac{I_s}{C}t + V_{s_{max}}$$

À $t = \alpha T$, on a:

$$V_s(\alpha T) = V_{s_{min}} = -\frac{I_s}{C}\alpha T + V_{s_{max}}$$

Et par suite on a:

$$\Delta V_s = V_{s_{max}} - V_{s_{min}} = \frac{I_s}{C}\alpha T$$

Finalement :

$$\Delta V_s = \frac{\alpha V_s}{R.C.f}$$

Cette expression nous montre que l'ondulation en tension diminue lorsque la fréquence de commutation f ou la valeur du condensateur C augmente.

Le dimensionnement du condensateur C, à partir d'une ondulation en tension donnée, s'effectue à l'aide l'inéquation suivante :

$$\boxed{C \geq \frac{\alpha_{max} V_s}{R. \Delta V_s. f}}$$

- **Formes d'ondes des principaux signaux :**

Les formes d'ondes des principaux signaux sont données à la figure II.33. A partir de ces formes d'ondes, on peut exprimer les valeurs moyennes et efficaces des courants qui traversent la diode D et l'interrupteur T_r. Nous pouvons également en déduire les contraintes maximales en tension et courant sur les interrupteurs. Ces relations seront utilisées lors du dimensionnement des différents composants de la structure.

- **Courant moyen traversant la diode D :**

$$I_D = \langle i_D \rangle = I_s$$

- **Courant efficace traversant la diode D :**

$$I_{D_{eff}} = \sqrt{\left((\frac{I_s}{1-\alpha})^2 + \frac{{\Delta I_L}^2}{12}\right).(1-\alpha)}$$

- **Courant moyen traversant l'interrupteur T_r :**

$$I_{T_r} = \langle i_{T_r}(i) \rangle = \frac{I_s}{1-\alpha} = I_{bat}$$

- **Courant efficace traversant l'interrupteur T :**

$$I_{T_{r\_eff}} = \sqrt{\left((\frac{I_s}{1-\alpha})^2 + \frac{{\Delta I_L}^2}{12}\right).\alpha}$$

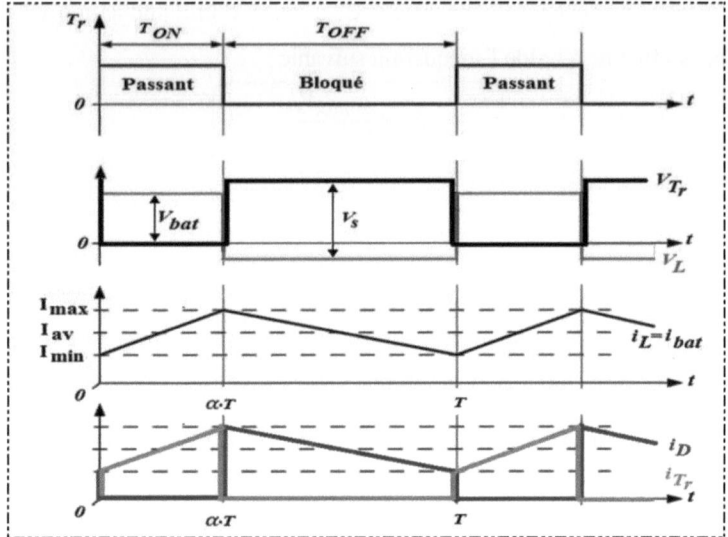

Figure II.33.: Allure des tensions et courants en mode conduction continue

Les contraintes en tension et courant sur l'interrupteur commandé T_r et la diode D sont les mêmes.

- **Contraintes maximales en tension :**

$$v_{T_{rmax}} = |v_{D_{max}}| = v_{S_{max}} = \frac{V_{bat}}{1-\alpha} + \frac{\Delta V_s}{2}$$

- **Contraintes maximales en courant :**

$$i_{T_{rmax}} = i_{D_{max}} = i_{L_{max}} = \frac{I_s}{1-\alpha} + \frac{\Delta I_L}{2}$$

Le dimensionnement de la cellule de commutation s'effectue dans le cas le plus défavorable. Pour calculer les contraintes en tension et courant dans le pire des cas, il nous faut remplacer dans les expressions ci-dessus α par α_{max}.

✤ **Conduction discontinue :**

En conduction discontinue, on rajoute une phase pendant laquelle la diode D ne conduit pas ($i_L = 0$).

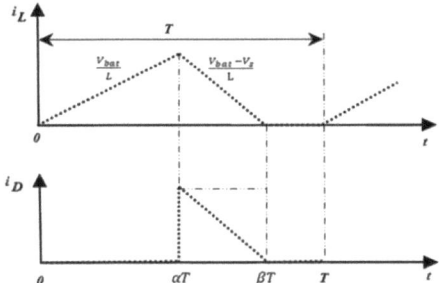

Figure II.34.:Allure du courant traversant l'inductance en conduction discontinue

A partir de l'allure de i_L(Figure ci-dessus), on peut écrire :

$\Delta t = \beta T - \alpha T$; $\forall\, \alpha T \leq t \leq \beta T$ ➔ $i_L(t) = \frac{V_{bat}-V_s}{L}(t - \alpha T) + I_{L_{\alpha T}}$ ➔ $i_L(\beta T) = 0$

Et avec $i_L(\alpha T) = \frac{V_{bat}}{L}\alpha T$ on a : $\Delta t = \frac{V_{bat}}{V_s - V_{bat}} \cdot \alpha T$

Le courant moyen de sortie est :

$$I_s = \langle i_s \rangle = \langle i_D \rangle = \frac{1}{T}\int_{\alpha T}^{\beta T} i_L(t).dt \;\; ➔ \;\; I_s = \frac{1}{2}i_L(\alpha T)\left(\frac{\beta T - \alpha T}{T}\right)$$

Ce qui conduit à :

$$I_s = \frac{1}{2}\frac{\alpha^2 V_{bat}^2\, T}{L(V_s - V_{bat})}$$

Ou bien :

$$\boxed{V_s = V_{bat}\left(1 + \alpha^2 \frac{V_{bat}}{2LfI_s}\right)}$$

Dans ce régime de fonctionnement, la tension de sortie est donc dépendante de la charge pour un rapport cyclique fixe.

Ceci implique qu'en conduction discontinue, il est nécessaire de mettre en œuvre une boucle de régulation.

- **Puissance disponible ou échangée :**

$$P = \frac{1}{T}\int_0^T V_s \langle i_s(t) \rangle . dt \quad \rightarrow \quad \boxed{P = \frac{1}{2}\frac{\alpha^2 T}{L}\frac{V_s V_{bat}^2}{(V_s - V_{bat})}}$$

Conduction critique :

Ce phase définit la limite entre les régimes continu et discontinu.

Pour α_{limite} on a : $\Delta t = \beta T - \alpha T = (1 - \alpha)T$ c'est-à-dire $\beta T \cong T$

$$\Delta t = \frac{V_{bat}}{V_s - V_{bat}}\alpha_{lim} T = (1 - \alpha_{lim})T$$

Ce qui nous donne finalement :

$$\boxed{\alpha_{lim} = \frac{V_s - V_{bat}}{V_s}}$$

✏ **Signal de commande :**

Le signal de commande a été présenté à la figure *II.30*. Il existe deux procédés de réglages :
- Réglage à fréquence de hachage f fixe et durée de conduction T_{ON} variable.
- Réglage à durée de conduction T_{ON} fixe et fréquence de hachage f variable.

Le choix de la fréquence de hachage f est un compromis, en effet :
- Plus la fréquence f est grande, plus les dimensions des éléments seront faibles.
- Plus la fréquence f est grande, plus les pertes de commutations seront grandes.

Il faut noter aussi que les composants sont limités en fréquence. Il n'est donc pas possible de choisir une fréquence de hachage trop élevée lorsque des contraintes d'encombrement sont imposées.

II.5.2. Dimensionnement des composants

✥ Cahier des charges :

Les spécifications imposées par notre cahier des charges pour réaliser le circuit de hacheur boost sont les suivantes :

- Tension d'entrée $V_{bat} = 48 \pm 2V$, $P_{bat} = 3\ KW$
- Tension de sortie $V_S = 800V$ avec une ondulation de 5% soit $\Delta V_s \leq 40\ V$
- Puissance nécessaire à la charge $P_{ch} = 3\ KW$, $I_s = 6A$, $I_{s_{max}} = 8.5A$
- On choisit une fréquence de hachage $f = 5\ kHz$

$$V_s = \frac{V_{bat}}{1-\alpha} \quad \rightarrow \quad \boxed{\alpha = 0.94}$$

$$I_{bat} = \frac{P_{bat}}{V_{bat}} \rightarrow I_{bat} = 62.5A \rightarrow I_{bat_{max}} = 88.4A$$

Soit

$$\rightarrow \Delta I_{bat} \leq 15\%I_{bat_{max}}$$

$\boxed{\Delta I_{bat_{max}} \leq 13.26A}$; $\boxed{\Delta I_L \leq 5\%I_s \leq 0.425A}$

✥ Cellules de commutation :

La cellule de commutation est composée de deux interrupteurs :

- L'interrupteur D doit supporter une tension inverse et doit pouvoir conduire un courant positif. Son amorçage et son blocage sont spontanés. Cet interrupteur ne sera donc qu'une diode.
- L'interrupteur T_r doit supporter une tension positive et doit pouvoir conduire un courant positif. Les commutations de cet interrupteur doivent être commandées. Cet interrupteur pourra être de type transistor.

✥ Choix de la diode D :

Les principaux critères de choix pour une diode sont les suivants : [**Annexe B**]

- Courant moyen $I_F(AV) > I_{AK\_moy}$
- Tension inverse $\quad V_{RRM} > V_R|_{max}$

$$I_{AK\_moy} = \langle i_D(t) \rangle = I_{s_{max}} = 8.5A$$

$$I_{D_{max}} = \frac{I_{s_{max}}}{1-\alpha} + \frac{\Delta I_L}{2} \;\rightarrow\; I_F(AV) = 141.9A$$

$$V_R|_{max} = |v_{D_{MAX}}| = \frac{V_{bat}}{1-\alpha} + \frac{\Delta V_s}{2} \;\rightarrow\; V_R|_{max} = |v_{D_{max}}| = 820V$$

Donc on choisit des semi-conducteurs de tension inverse égale au minimum $1000V$ et ce dans le but d'avoir un marge de sécurité et d'assurer le bon fonctionnement de composant.

✎ Choix de l'interrupteur commandé T_r : [3]

Le diagramme, présenté à la figure II.35., permet de choisir le type de technologie à utiliser en fonction de la puissance nominale et la fréquence de découpage auxquelles est soumis le composant.

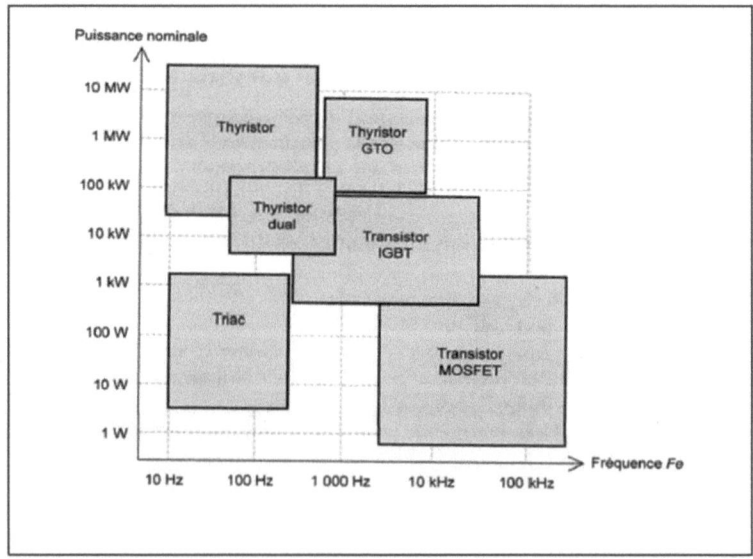

Figure II.35.: Diagramme puissance – fréquence des semi-conducteurs

Cette figure nous montre que le transistor IGBT (Insolate Gate Bipolar Transistor) est bien adapté pour le hacheur Boost moyenne puissance fonctionnant avec une fréquence de commutation importante.

Les principaux critères de choix pour un transistor IGBT sont les suivants :[**Annex B**]

- $V_{CES} > V_{CE}|_{max}$
- $I_{C(DC)} > I_{Ceff}$

$$V_{CE}|_{max} = v_{T_{r_{max}}} = \frac{V_{bat}}{1-\alpha} + \frac{\Delta V_s}{2} \;\; \rightarrow \;\; V_{CE}|_{max} = 820V$$

$$I_{Ceff} = I_{T_{r\_eff}} = \sqrt{\left((\frac{I_s}{1-\alpha})^2 + \frac{{\Delta I_L}^2}{12}\right).\alpha} \;\; \rightarrow \;\; I_{Ceff} = 96.95A$$

✥ **Éléments réactifs :**

   o **Inductance L :**

$$L \geq \frac{V_s}{4f.\Delta I_L} \;\; \rightarrow \;\; \boxed{L \geq 95\ mH}$$

$$I_{L_{max}} = \frac{I_s}{1-\alpha} + \frac{\Delta I_L}{2} \;\; \rightarrow \;\; I_{L_{max}} = 100.21A$$

   o **Condensateur C :**

Le rôle de condensateur est de diminuer l'ondulation de la tension de sortie du convertisseur. En général, pour des applications de filtrage en tension basse fréquence, on utilise des condensateurs électrolytiques. Il est possible de réaliser des associations série-parallèle pour obtenir des valeurs importantes.

Les critères de choix d'un condensateur sont les suivants :

- La capacité nominale et sa tolérance.
- La tension admissible à ses bornes.
- La tenue aux courants impulsionnels.

$$\Delta V_s \geq \frac{\alpha_{max} V_s}{R.C.f} \quad \rightarrow \quad C \geq \frac{\alpha_{max} V_s}{R.f \Delta V_s} \quad \rightarrow \quad C \geq \frac{\alpha_{max}.I_s}{f.\Delta V_s} \quad \rightarrow \quad \boxed{C \geq 30\mu F}$$

II.5.3. Simulation sous *PSIM*

II.5.3.1. Schéma du montage de simulation de hacheur Boost

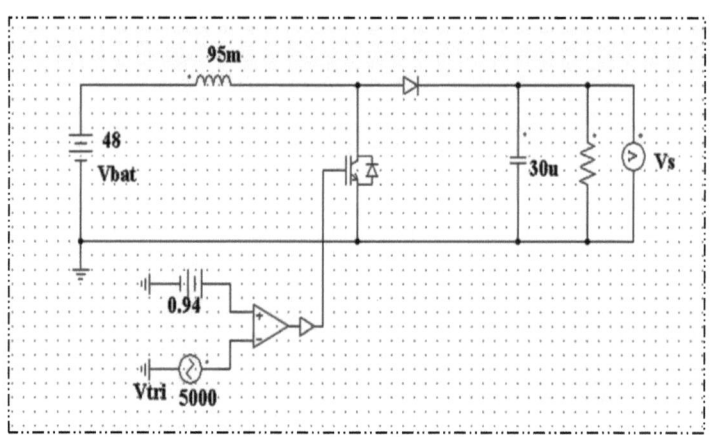

Figure II.36. : Montage de simulation de hacheur Boost

II.5.3.2. Formes d'ondes

En utilisant un rapport cyclique $\alpha = 0.94$ fixe, la simulation de fonctionnement de hacheur Boost avec les valeurs des composants obtenus dans notre étude nous donne les formes d'ondes suivantes :

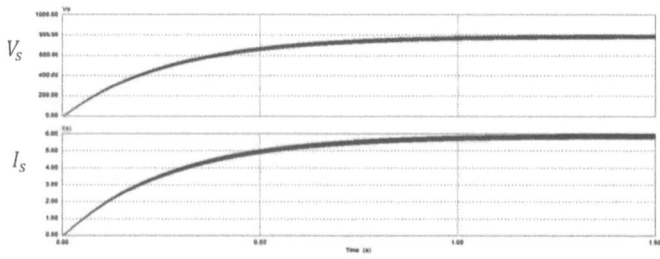

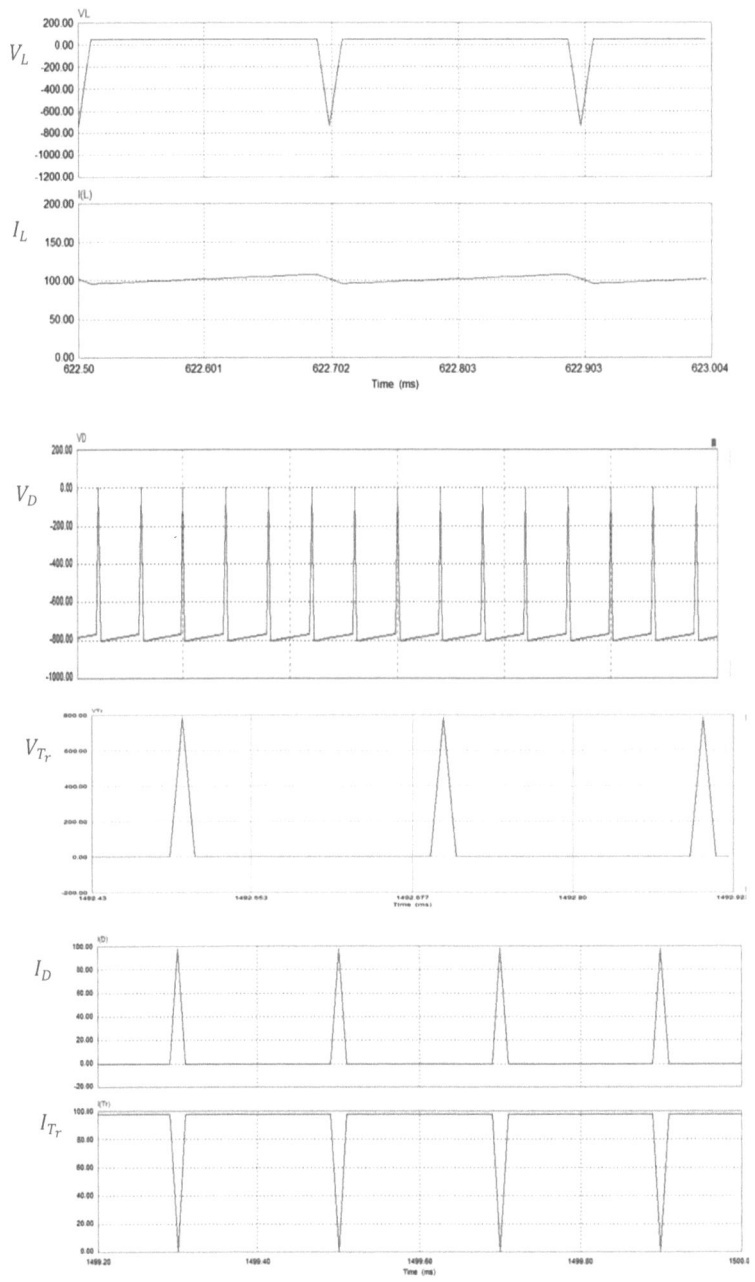

On constate que les différentes formes de signaux ainsi que leurs valeurs sont très proches et compatible avec les divers résultats obtenus lors de l'étude théorique du hacheur Boost.

Le seul inconvénient est vu que notre tension de batterie ou d'entrée du hacheur est relativement basse par rapport à la tension de sortie, la valeur du rapport cyclique obtenue $\alpha = 0.94$ est très proche de l'unité. En effet, en tenant compte du retard des semi conducteurs lors de la commutation, on constate que la séparation entre deux phases active se déroule dans un temps $t = (1 - \alpha)T = 12\mu s$ qui est relativement négligeable.

Donc pour surmonter ce problème on peut utiliser un transformateur élévateur à la sortie de l'onduleur à fin de diminuer leur tension d'entrée et par suite le rapport cyclique α.

II.5.4. Régulation de la tension du hacheur Boost

II.5.4.1. Présentation de régulateur proportionnel intégral (PI)

Le comportement d'un système de commande sera analysé en étudiant sa dynamique et sa stabilité à partir des propriétés de sa fonction de transfert.

Dans la fonction de transfert du système (en boucle ouverte), on peut distinguer trois domaines de fréquence :

- En basse fréquence (et éventuellement à la fréquence nulle), un gain important va diminuer l'erreur dite statique (entre la consigne et la sortie en régime permanent).
- Dans la zone de passage à 0 dB (bande passante), il faut imposer une certaine marge de phase afin d'éviter des oscillations peu amorties et donc des dépassements importants de consigne. En général, une marge de phase de 45° limite le dépassement à 20%.

- En haute fréquence, il faut limiter le gain pour limiter l'influence des bruits de mesure (défauts des capteurs) qui se superposent au signal de retour injecté sur le soustracteur.

Le rôle des correcteurs sera alors de modifier la fonction de transfert afin de respecter au mieux ces différentes contraintes.

Une commande idéale serait une commande telle que la loi d'évolution réelle de la grandeur commandée serait à chaque instant identique à la loi de conduite spécifiée et ce, quelles que soit les perturbations.

Si on utilise uniquement le régulateur proportionnel, on a interet à choisir la valeur de ce gain la plus elevée possible pour obtenir une erreur de position assez faible tout en assurant une robustesse suffisante.

Mais un inconvénient inévitable au régulateur P à éliminer les erreurs en régime permanant, après un changement de point de consigne ou une variation de charge.

A cause de cette limitation, le contrôleur proportionnel s'emploi que rarement.

Cependant il est beaucoup plus simple d'utiliser un correcteur avec action intégrale qui permet automatiquement de ramener la sortie à la consigne désirée.

Le rôle principal de l'action intégrale est d'éliminer l'erreur statique. Toutefois l'action intégrale est un élément à retard de phase, donc l'augmentation de l'action intégrale (c.à.d. diminué T_i) produit une instabilité car elle déplace le lieu de Nyquist vers la gauche. La valeur optimale est choisie pour satisfaire un compromis stabilité- rapidité. Si le système possède lui-même un intégrateur, l'action I est quand même nécessaire pour annuler l'écart de perturbation car, suite aux variations de la consigne l'intérêt de I est moindre car l'écart s'annule naturellement.

Et donc le *PI* permet d'éliminer l'erreur de régulation qui persistât avec un régulateur proportionnel seul. Donc pour obtenir une réponse plus rapide et plus précise, on utilise un correcteur proportionnel -intégral.

Son schéma fonctionnel est le suivant :

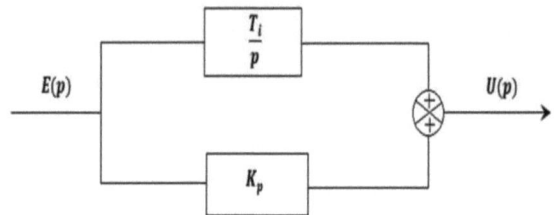

Figure II.37.: Schéma bloc de correcteur proportionnel intégral (PI)

La sortie de ce correcteur *PI* est donc :

$$U(t) = k_p \left(e(t) + \frac{1}{T_i} \int_0^t e(\tau)d\tau \right)$$

La transformée de Laplace donne que la fonction du transfert de régulateur *PI* est la suivante:

$$C(p) = \frac{U(p)}{E(p)} = K_p \left(1 + \frac{1}{T_i p}\right) = K_p \left(\frac{1 + T_i p}{T_i p}\right)$$

Avec K_p et T_i sont respectivement le gain et la constante du temps du régulateur

Son action est limitée aux basses fréquences $w \ll \frac{1}{T_i}$.

Les diagrammes de Bode de *PI* sont :
- Le diagramme d'amplitude en db : $Adb = 20 log\ (|C(jw)|)$
- Le diagramme de phase en degré : $\varphi = Arg(C(jw))$

Leurs allures sont données ci-contre :

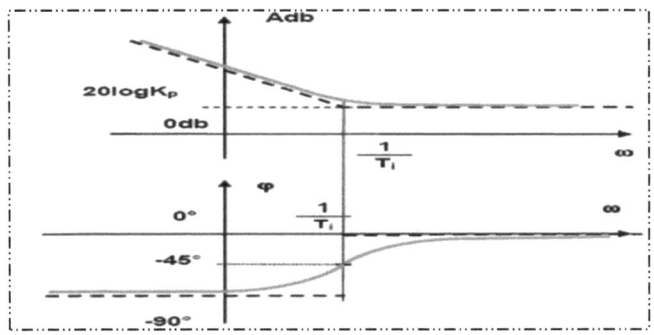

Figure II.38.: Diagrammes de Bode du correcteur PI

Une modification de la valeur de T_i se traduit par une translation horizontale des courbes de gain et de phase, ainsi qu'une translation verticale pour la courbe de gain. Une modification de K_p entraîne une translation verticale de la courbe de gain.

II.5.4.2. Boucle de régulation de la tension du hacheur Boost

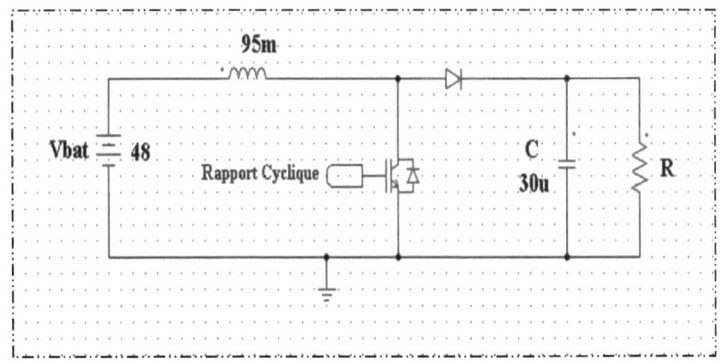

Figure II.39.: Schéma générale du hacheur Boost

La fonction de transfert du hacheur boost est :

$$H_\alpha(p) = \frac{V_s}{(1-\alpha)} \frac{1 - \frac{L}{R(1-\alpha)^2}p}{1 + \frac{L}{R(1-\alpha)^2}p + \frac{LC}{(1-\alpha)^2}p^2}$$

Pour la régulation de la tension de sortie on' a choisi un correcteur intégral aux lieux d'un correcteur proportionnel intégral car l'étude dans ce cas devienne plus compliqué du point de vue modèle de connaissance, le correcteur intégrale nous permet d'annuler l'erreur statique pour un choix convenable de la constante d'intégration. Dans notre cas on' a choisi $k_i = 10$.

II.5.4.3. Simulation du hacheur Boost avec Régulation de V_s

a) **Montage**

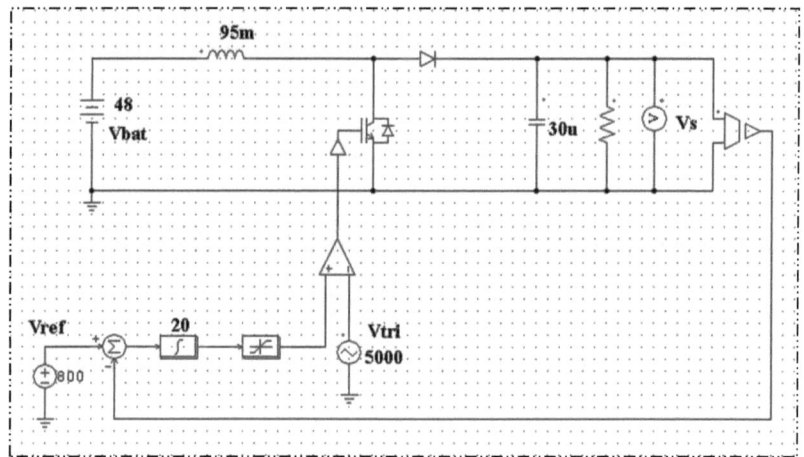

Figure II.40.: Circuit de hacheur Boost avec régulateur intégrale

b) **Forme d'onde de la tension V_s**

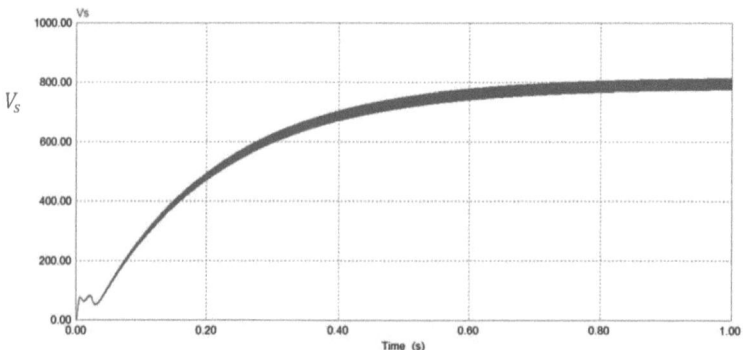

Figure II.41.: Asservissement de la tension du hacheur Boost

On remarque bien que la tension de sortie converge vers la consigne pendant un temps inferieur à 0,8s par contre sans correcteur notre système converge dans un temps supérieur à une seconde. Donc il y a amélioration du temps de réponse du circuit.

II.6. Assemblage des circuits et conclusion

Pour mieux mettre en œuvre le fonctionnement du notre système et montre la validation des résultats obtenus le long du notre étude de différents circuits composant le système, nous faisons l'assemblage comme le montre le schéma de la simulation suivante :

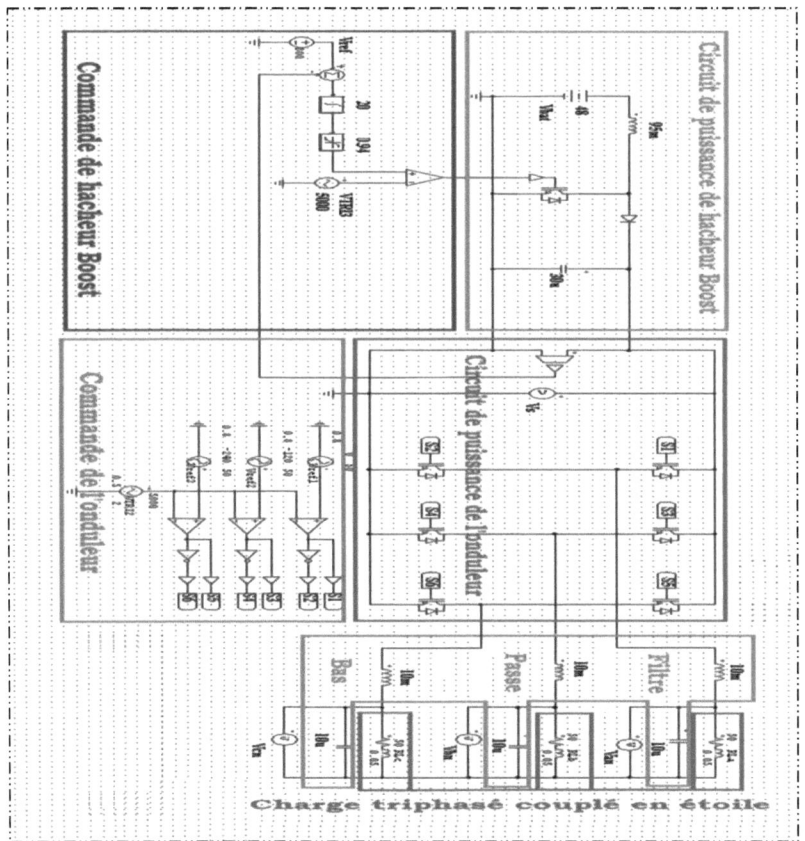

Figure II.42.: Chaine fonctionnant en absence du réseau STEG

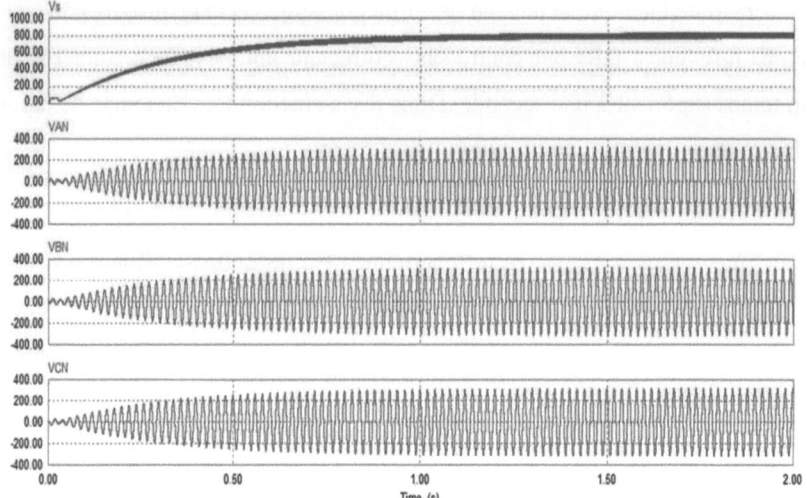

On remarque que les tensions à la sortie de l'onduleur démarrent en début petit à petit puis elles se stabilisent au bout d'un temps inferieur à une seconde.

La tension de sortie du hacheur Boost converge convenablement vers la valeur régulée de référence. Donc on constate qu'il y a concordance entre les différents circuits.

Chapitre III : Dimensionnement de la batterie et régulation de sa charge et décharge

III.1. Introduction

Comme il est mentionné dans le chapitre précédent, la source de tension continue d'entrée du circuit onduleur est une batterie d'accumulateur, donc on essaye dans ce chapitre de la dimensionner ainsi que l'étude des circuits de régulation de charge et décharge qui sont associé.

Les batteries d'accumulateurs [7], sont des générateurs chimiques basés sur le principe suivant : deux métaux de natures différentes (les électrodes) plongés dans un mélange d'eau et acide (l'électrolyte) sont susceptibles de créer un courant électrique par réaction chimique.

Il existe deux principaux types d'accumulateurs de grande capacité : les batteries dites « ouvertes » et celles dites « étanches ».

Les batteries ouvertes sont des batteries au plomb contenant de l'électrolyte liquide dont l'eau doit être renouvelée.

Les batteries étanches ne contiennent pas de liquide mais du gel. Ainsi, elles peuvent fonctionner dans toutes les positions et ne demandent absolument aucun entretien puisqu'il n'y a pas d'eau à rajouter.

✥ Exemple de réalisation d'un accumulateur au Plomb :

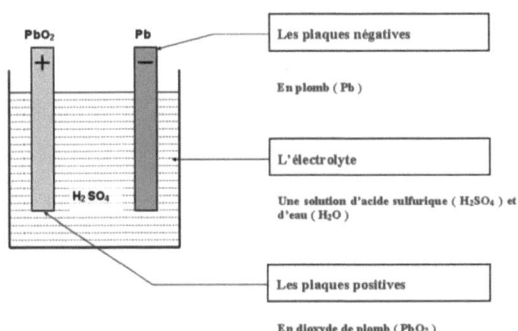

Equation de la réaction chimique :

CHARGE DE L'ACCULULATEUR			DECHARGE DE L'ACCUMULATEUR		
ELECTRODE +	ELECTROLYTE	ELECTRODE -	ELECTRODE +	ELECTROLYTE	ELECTRODE -
PbO_2	$2H_2SO_4$	Pb	$PbSO_4$	$2H_2O$	$PbSO_4$

Acide Sulfurique   Décharge → / ← Charge   Sulfate de plomb

Réalisation d'un élément de batterie :

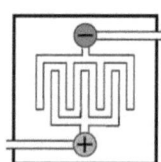

Un élément comprend un groupe de plaques positives et un groupe de plaques négatives. Un élément a une tension approximative de $2V$ et comprend généralement trois plaques positives et quatre plaques négatives.

Réalisation d'une batterie :

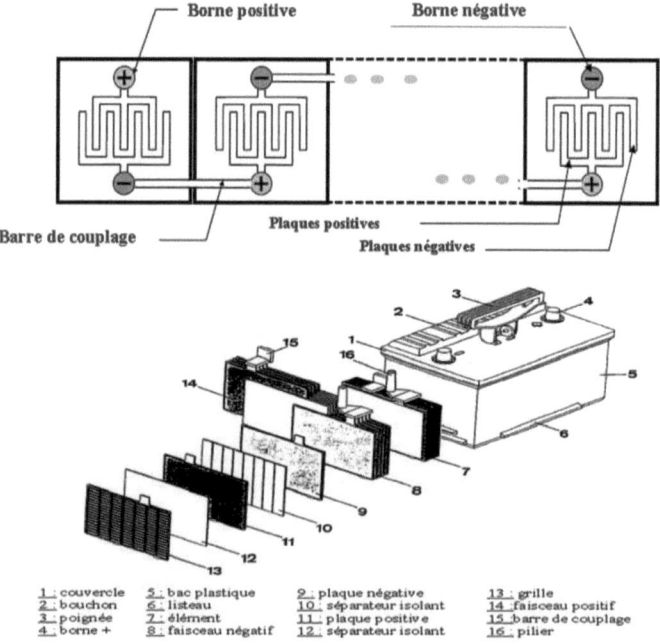

1 : couvercle
2 : bouchon
3 : poignée
4 : borne +
5 : bac plastique
6 : listeau
7 : élément
8 : faisceau négatif
9 : plaque négative
10 : séparateur isolant
11 : plaque positive
12 : séparateur isolant
13 : grille
14 : faisceau positif
15 : barre de couplage
16 : pilier

✥ Les matériaux employés :

La matière active des plaques est en plomb. Les grilles qui supportent les plaques sont en alliage de plomb et antimoine ou alliage de plomb et calcium. Les séparateurs intercalés entre les plaques positives et négatives sont en cellulose ou en matière plastique à fin d'éviter les courts-circuits.

✥ L'électrolyte :

C'est une solution d'acide sulfurique (H_2SO_4) et d'eau(H_2O). Elle est caractérisée par sa densité. La densité de l'électrolyte d'une batterie varie. En effet elle augmente avec la charge et diminue avec la décharge.

✥ Caractéristiques d'une batterie :

Exemple des indications portées sur une batterie :

III.2. Capacité d'une batterie [7]

La capacité (Q) d'une batterie correspond à la quantité de courant débité pendant une période donnée.

$\boxed{Q = I * t}$ Avec Q en[Ah], I en[A] et t en[H]

Exemple : une batterie dont la capacité égale à $80Ah$ peut fournir un courant de $8A$ pendant une durée de $10H$ ou $2A$ pendant $40H$.

La capacité d'une batterie dépend de la quantité de matière active.

✤ La force électromotrice E $(f.e.m)$:

La force électromotrice $(f.e.m.)$ se mesure aux bornes de la batterie à circuit ouvert (tension à vide).

$$E = U + r.I$$

Avec :

U : Tension de la batterie en charge (sous un débit de courant).
r : Résistance interne de la batterie.
I : Intensité débité.

✤ Résistance interne :

La résistance interne correspond à la somme de la résistance électrique des matières solides et de la résistance électrolytique. La résistance interne d'une batterie est faible : $r \approx 0,01\Omega$.

La résistance interne d'une batterie dépend de sa capacité et de l'état de charge.

✤ La charge des batteries :

Le seul courant qui convienne est le courant continu sous une tension convenable. Le temps de charge est fonction de l'intensité de charge réglée.

Une charge idéale s'effectue en réglant l'intensité de chargement à **$1/10^{ème}$ de la capacité de la batterie.** Cependant si cette charge permet de ramener une batterie déchargée en bon état à 100% de sa capacité, elle demande beaucoup de temps.

Une charge rapide utilise un courant 3 à 5 fois supérieur à celui d'une charge normale. La durée est alors considérablement raccourcie. Cette méthode échauffe la batterie et à tendance à la détériorer.

✤ Montage des batteries :

Selon l'application, pour avoir une batterie de tension nominale ainsi qu'une capacité bien déterminée on recourt souvent à l'association des éléments de 12V ou 24V.

o Montage série :

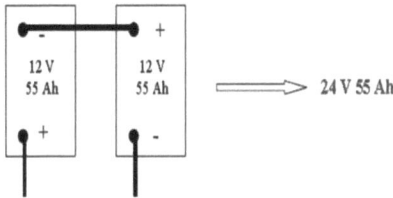

o Montage parallèle :

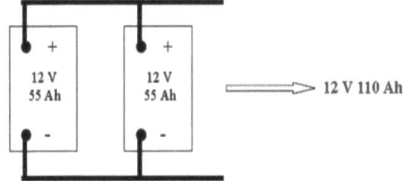

o Montage série et parallèle :

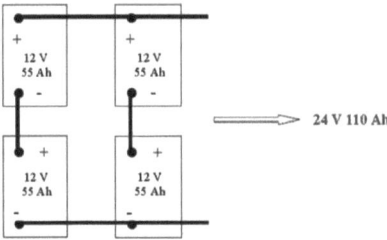

III.3. Dimensionnement de la batterie [8]

Pour garantir l'efficacité d'une installation autonome et ne pas avoir de surprise de coupure de courant, il est primordial d'estimer au mieux la capacité minimale qu'une batterie doit avoir.

La capacité d'une batterie se calcule en Ampères-heures (Ah), c'est-à-dire en nombre d'ampères à « tirer » pendant (**X**) heures pour décharger la batterie.

Cette capacité dépend entre autre de la façon dont la batterie est chargée et déchargée.

La température ambiante perturbe également le fonctionnement de la batterie, surtout quand il fait froid car les réactions chimiques vont être ralenties. Une batterie a donc une capacité beaucoup plus faible à froid qu'à chaud.

La charge de la batterie va s'effectuer grâce à un panneau solaire photovoltaïque. Au fur et à mesure de la journée, la tension de la batterie va augmenter jusqu'à un seuil d'environ 14V (pour une batterie de 12V). Au-delà de cette limite, le régulateur solaire va couper la liaison électrique avec le panneau afin d'éviter les problèmes de surtensions. A l'inverse, ce même régulateur coupe automatiquement l'alimentation électrique avec le récepteur lorsque la tension de la batterie est trop faible (environ 11V pour une batterie de 12V).

Par ailleurs, il faut toujours rappeler que plus on charge une batterie avec du courant de faible intensité et longtemps et plus longue est sa durée de vie. Cependant dans les applications photovoltaïques, il est difficile de suivre cette règle car le courant de charge n'est pas le même durant la journée puisqu'il dépend de l'ensoleillement.

La décharge de la batterie vers le récepteur est beaucoup plus importante à définir. En effet, la durée de vie des accumulateurs dépend principalement de la profondeur de décharge de la batterie, c'est-à-dire combien d'ampère va-t-on tirer avant de devoir la recharger. Il existe donc une décharge maximale à ne pas dépasser faute de quoi la batterie sera sérieusement détériorée.

L'installation d'un régulateur de batterie permet d'éviter ces problèmes de surcharge et de décharge profonde et allonge la durée de vie de la batterie.

Un autre paramètre à prendre en compte lors du choix de la batterie est l'autonomie souhaitée de l'installation. L'autonomie est la période durant laquelle la batterie est capable de fournir de l'énergie sans avoir besoin d'être rechargée.

Autrement dit, c'est le nombre de jours pendant lesquels l'installation peut fonctionner sans lumière. On définit la période d'autonomie selon la capacité de la batterie, de la consommation électrique et du temps d'ensoleillement quotidien.

Ces divers paramètres (durée et importance de charge et de décharge, ensoleillement ambiants) vont permettre de déterminer la capacité réelle de la batterie. Cette capacité réelle (ou utile) est un pourcentage de la capacité nominale de la batterie (le plus souvent entre 60 et 80%). Il est d'usage d'appliquer un coefficient de sécurité de 1,25 correspondant à une capacité utile de 80%.

Finalement, la formule pour déterminer la capacité de la batterie est :

$$C_{Bat} = \frac{(Consommation\ en\ Wh)\ x\ Autonomie\ en\ Jrs\ x\ 1,25}{Tension\ de\ batterie\ en\ Volts}$$

Selon les données imposées par notre cahier des charges on a :

$$\begin{cases} \text{Consommation} & : 3KW - 3h/jour \rightarrow 9KWh/j \\ \text{Autonomie} & : Demi - journée. \rightarrow C_{Bat} = 117Ah \\ \text{Tension nominale} & : 48\ V. \end{cases}$$

Donc on retient la batterie commercialisée dont la capacité est :

$$C_{Bat} = 120Ah/48V\ \text{[Annexe C]}$$

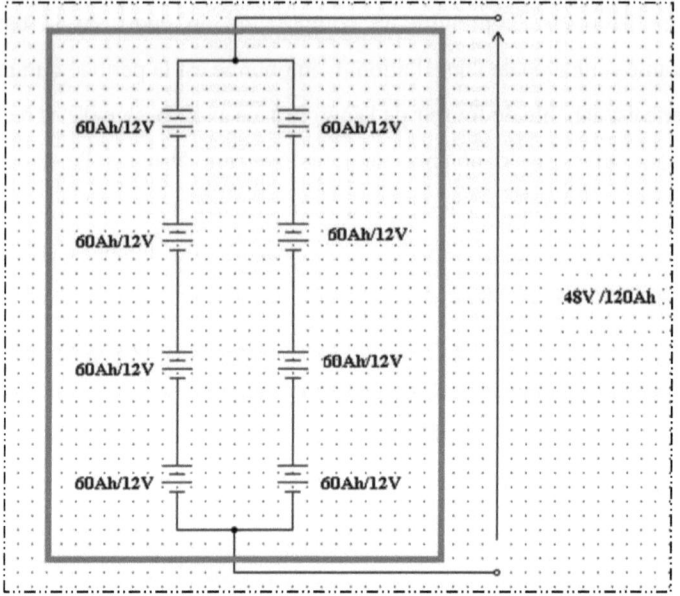

Figure III.1.: Schéma de la batterie

III.4. Régulateur de charge/décharge de la batterie

Les batteries [9] rechargeables sont largement utilisées dans les systèmes photovoltaïques autonomes pour emmagasiner l'énergie et pour alimenter les charges de faible et moyenne puissance. Les batteries de type plomb - acide sont les plus employées en raison de leur faible coût, leur simple maintenance et leur adaptation à tout type d'application. Ces batteries sont cependant si fragiles devant les phénomènes de surcharge et de décharge profond qu'il faut leur associer un régulateur de charge approprié pour assurer leur protection.

Le chargement de la batterie est assurée en priorité par un générateur photvoltaique ou le réseau triphasé comme le montre le schéma electrique suivante :

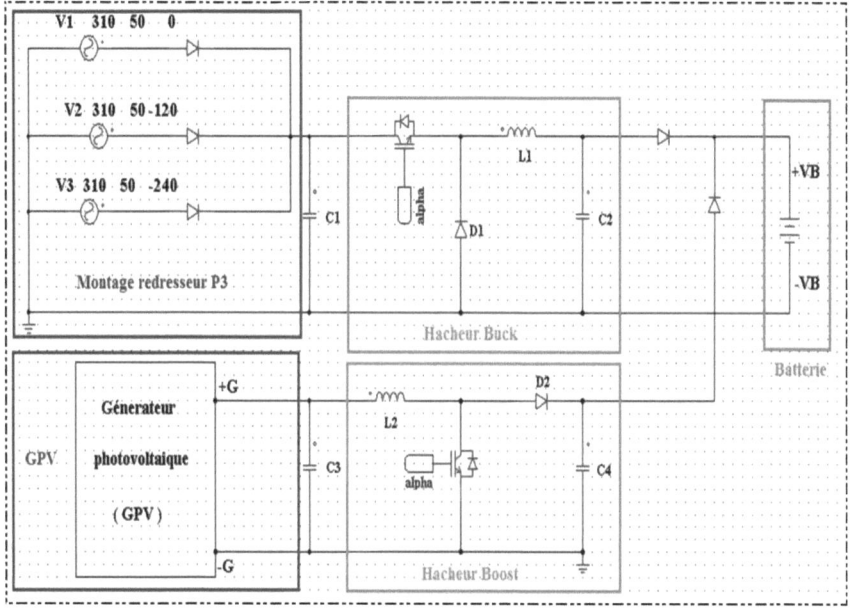

Figure III.2.: Circuits du chargement de la batterie

Comment contrôlée l'état de charge d'une batterie ?

> **La quantité d'électricité :**

Conception plus compliquée pour un régulateur destiné aux applications photovoltaïques.

> **La densité :**

IL faut un système de vibration pour avoir la bonne mesure de la concentration de l'électrolyte.

> **La tension :**

La solution la plus simple et le plus économique adoptée pour les petites et moyennes puissances.

III.4.1. Seuils de régulation [5]

Un contrôleur de charge est un circuit électronique qui contrôle la charge de la batterie sur la base d'un ensemble de seuils de tension (appelé consignes) et régule le débit en cours, afin de protéger la batterie contre le surcharge et le décharge profond. La méthode de base, consiste à interrompre le chargement quand la batterie aura un seuil de charge maximal. Cette technique est la plus utilisé et connu souvent sous le nom "*ON / OFF*" charge.

Ainsi, en MARCHE / ARRET de charge, le contrôleur agit comme un interrupteur. Pendant le chargement, le contrôleur permettra l'ecoulement de tout le courant de la source de chargement dans la batterie. Lorsque la tension monte à un seuil supérieure, appelé la "régulation de tension" (*VR: Voltage Reconnect*) ou "fin de charge" de consigne, le courant de charge est éteint. Avec le temps, la tension de la batterie subit de dérive vers le bas, quand il frappe un "règlement de tension de reconnexion" (VRR: Voltage Regulation Reconnect) ou "la reprise de charge", légèrement au-dessous de la consigne VR, le courant de charge sera remis en marche.

Si le VRR est trop proche de la consigne VR, le contrôle élément va osciller, entraînant du bruit et éventuellement nuire à l'élément de commutation.

La construction interne d'une batterie varie d'un modèle à l'autre. En conséquence, certains batteries sont capables de récupérer à partir d'une décharge profond relativement intacte, tandis que d'autres ne jamais se remettre de leur pleine capacité une fois qu'ils ont été complètement déchargée. Pour cette raison, certains fabricants précisent un maximum recommandé de profondeur de décharge pour les batteries, le niveau auquel la charge est déconnecté.

Un contrôleur doit inclure une fonction de déconnection pour se protéger contre le sur-décharge. Quand une batterie est déchargée si profondément que sa tension atteint un seuil minimum, connu sous le nom de charge " déconnexion "ou" déconnexion basse tension (LVD: Low Voltage Disconnect) de consigne, la charge est automatiquement débranchée de la batterie. Lorsque la batterie est rechargée à suffisance que sa tension a élevé au-dessus de (LVR: Low Voltage Reconnect) de consigne, la charge est reconnecté. De plus les décharges profonds sont préjudiciables à la batterie, le choix de LVD est une compromis entre la probabilité de perte de charge et de la durée de vie de la batterie. Les seuils LVD et LVR doivent être choisis afin de minimiser la période ou la batterie est à l'état de charge bas, tout en préservant la fiabilité de charge acceptable.

Ces consignes sont indiquées sur le plan conceptuel, dans le cadre d'un cycle de charge typique comme il est illustré dans la figure suivante :

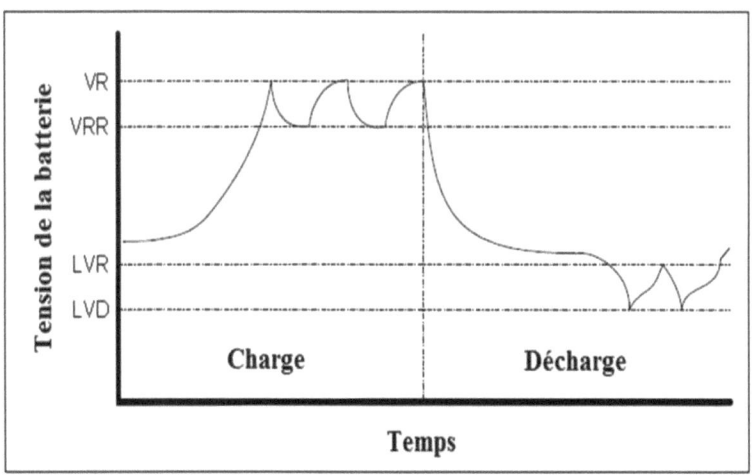

Figure III.3.: Seuils des charge/décharge de la batterie

III.4.2. Circuit de contrôle charge / décharge de la batterie

Dans notre cas on a choisi d'utiliser une régulation en série comme le montre le circuit suivante :

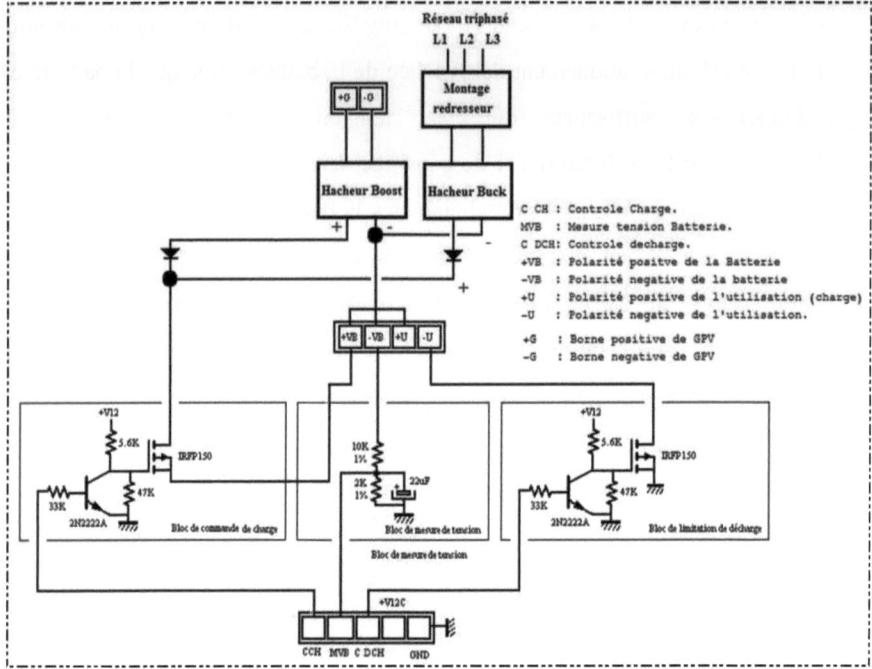

Figure III.4.: Circuit de régulation charge/décharge batterie

En effet le circuit de régulation comporte trois blocs : le bloc de commande de charge, le bloc de limitation de la décharge et le bloc de mesure de tension de la batterie.

Les blocs de commande de charge et de limitation de la décharge de la batterie utilisent des commandes simples de type ON/OFF pour le contrôle de la charge et de la décharge de la batterie. Le signal CCH (respectivement $C\ DCH$) contrôle l'ouverture/fermeture du Mosfet $IRFP150$ du bloc de commande de charge (respectivement de limitation de décharge) à travers un driver à base du transistor bipolaire $2N2222A$.

Quant au dernier bloc, il se charge de mesurer la tension de la batterie. La mesure de la tension de batterie utilise un simple diviseur de tension.

Aussi notre cahier des charges impose l'affichage des informations techniques concernant l'état de charge de la batterie (tension batterie, l'opération de charge ON ou OFF, utilisation connecté ou non) sur un terminal(Ordinateur) via une liaison série $RS232$. Donc le circuit de régulateur charge / décharge (voir figure ci-dessous) comporte obligatoirement un circuit programmable (PIC) qui a comme mission de traiter les informations reçus comme des entrées (mesures de tension) et d'envoyer les ordres convenables vers le circuit de régulation et le terminal d'affichage suivant un algorithme qui repose sur les seuils de régulation étudiées au préalable.

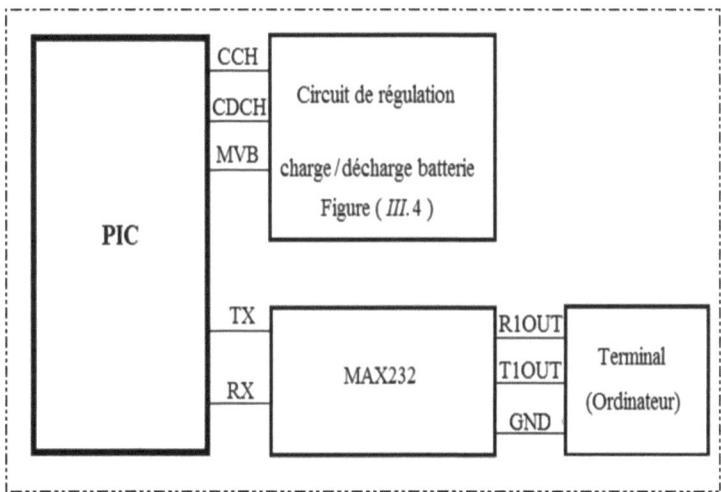

Figure III.5.: Schéma bloc de contrôle charge/décharge de la batterie

III.4.3. Driver de la liaison série RS232

Le dialogue entre le terminal (ordinateur) et la carte de commande utilise trois fils à savoir TX (Transmission), RX (Réception) et GND (masse). Ce dialogue est assuré par une transmission série des informations selon la norme $RS232$.

Notre application nécessite de dialoguer avec un ordinateur via le port série « $RS232$ » afin de transformer les signaux ($0V/5V$). Ce circuit effectue l'adaptation des signaux qui à partir de 5V et 0V (masse) crée les deux niveaux de tensions +12 V et -12 V.

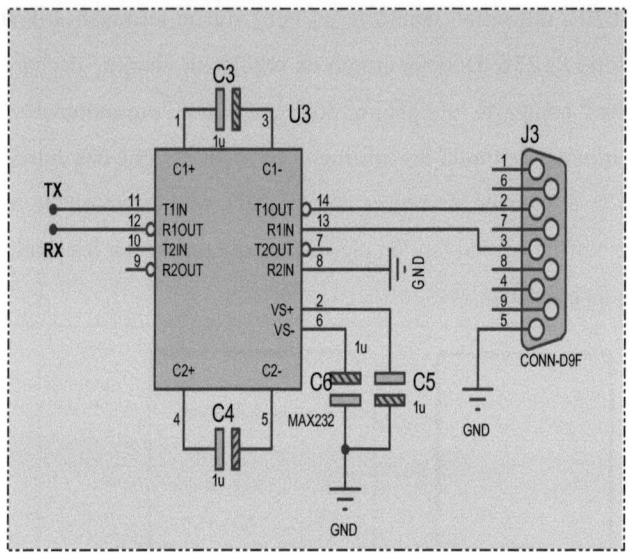

Figure III.6.: Schéma de la liaison série RS232

- La broche n°14 (T1OUT) de MAX232 est connectée à la broche n°2 (*RX*) de connecteur, c'est une ligne de réception des données.
- La broche n°13(R1IN) de MAX232 est connectée à la broche n°3 (TXD) de connecteur, c'est une ligne d'émission des données.

III.4.4. Développement de l'algorithme de contrôle de charge/ décharge batterie

Durant la charge, le Mosfet IRFP150 du bloc commande de charge se comporte comme un court-circuit et tout le courant du source de chargement est utilisé pour charger la batterie. Une fois que sa tension atteint la tension de régulation (Voltage Regulation).

Le microcontrôleur va agir sur le Mosfet pour couper le courant de charge et maintenir en conséquence la tension batterie en deçà de la tension V_R. Cette opération permet au régulateur de protéger la batterie contre les phénomènes de surcharge. La charge de batterie est de nouveau activée lorsque sa tension chute au-dessous de la valeur (Voltage Regulation Reconnect).

Le régulateur de charge conçu protège aussi la batterie contre les décharges profonds. Dès que la tension de la batterie, atteint une valeur trop faible (Low Voltage Disconnect), le microcontrôleur va agir sur le Mosfet $IRFP150$ du bloc de limitation de décharge pour déconnecter l'utilisation de la batterie et arrêter en conséquence sa décharge. L'établissement de cette connexion est réalisé automatiquement lorsque la batterie a repris un niveau de tension correct (Low Voltage Reconnect) autorisant de nouveau le fonctionnement de l'utilisation.

Le programme qui sera intégré au microcontrôleur gère les opérations de protection de la batterie contre les phénomènes de surcharges et de décharges profonde.

Dans les régions utiles de variation de l'intensité de courant de batterie, les quatre seuils V_{LVD}, V_{LVR}, V_{RR} et V_R se présentent toujours dans un ordre croissant, ce qui justifie l'utilisation d'une mise en cascade des procédures de contrôle. Ce programme gère aussi l'affichage numérique des informations utiles du système (tension de batterie, états des interrupteurs de charge et de décharge, Seuils de contrôle) et transmet ses informations via une liaison RS232.

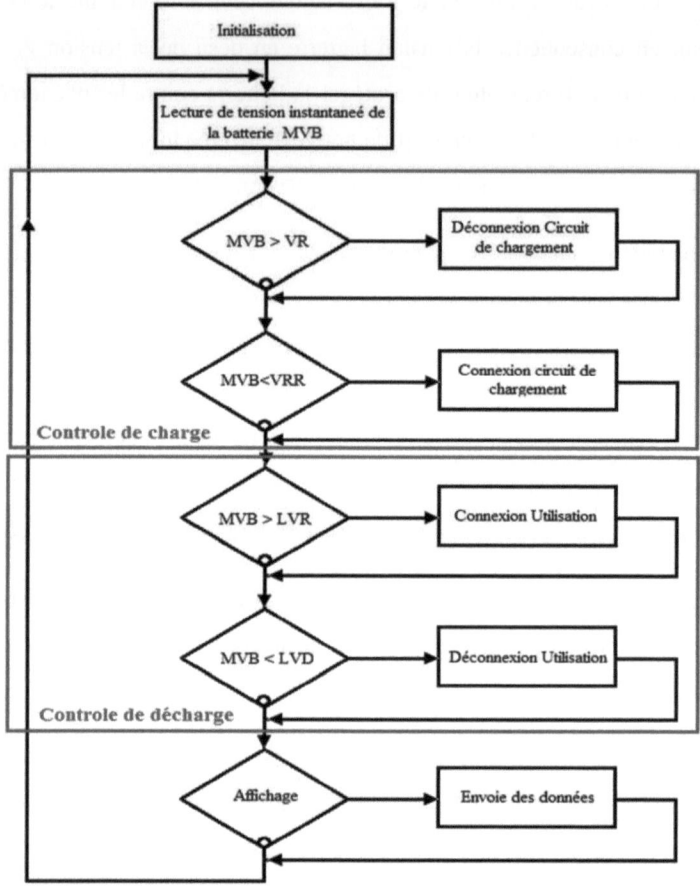

Figure III.7.: Algorithme de régulation de tension batterie

Comme il est mentionné précédemment on va utiliser une batterie de $48V/120Ah$. Cette dernière sera chargée à partir du réseau triphasé $380V/50Hz$. Donc nous avons besoins d'une structure de hacheur type abaisseur de tension à fin que nous a permet d'abaisser la tension redressée et filtrée du réseau et chargée la batterie dans les meilleures conditions. Cette structure est appelée également hacheur Buck, elle permet de convertir une tension continue à une autre tension continue de plus basse valeur. On essaie d'expliquer leur principe de fonctionnement et déterminer les différentes relations nécessaires puis nous faisons le dimensionnement de ces composants.

III.5. Etude du hacheur Buck

III.5.1. Principe de hacheur Buck

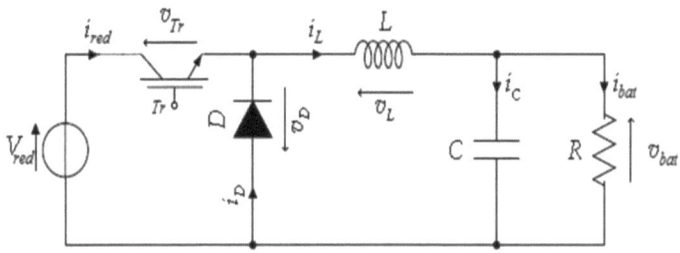

Figure III.8.: Schéma de principe d'un hacheur Buck

Le montage hacheur Buck comporte les mêmes composants qu'un hacheur Boost, seulement l'emplacement des éléments a été modifié pour avoir la fonction abaisseur. En effet on distingue deux phases de fonctionnement, la phase active lorsque l'interrupteur T_r est commandé en fermeture et la phase de roue libre obtenue lorsque l'interrupteur commandé est ouvert. Selon le mode de conduction continue ou discontinue on peut avoir deux ou trois intervalles de fonctionnement. Dans notre cas le charge R sera remplacé par notre batterie aux bornes de la quelle sera appliquée la tension V_{bat}, aussi nous seront en fonctionnement continu. C'est donc uniquement ce type de fonctionnement que nous développerons par la suite.

III.5.2. Fonctionnement du hacheur Buck

❖ **Séquence 1 :** Phase active ; $0 < t < \alpha T$

À l'instant $t = 0$, on ferme l'interrupteur T_r pendant une durée αT. La tension aux bornes de la diode D est égale à $V_D = V_{T_r} - V_{red}$. Comme l'interrupteur T_r

est fermé, on a $V_{T_r} = 0$, ce qui implique $V_D = -V_{red}$. La diode est donc bloquée puisque $V_{red} > 0$.

Dans ces conditions, on obtient alors le schéma équivalent de la figure ci-dessous.

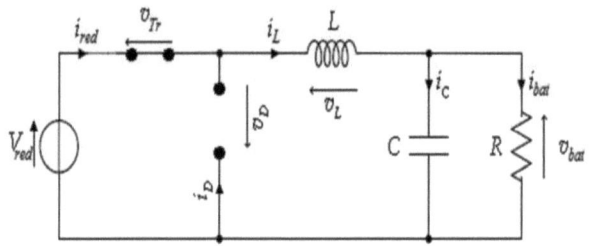

Figure III.9.: Schéma équivalent du hacheur Buck durant la phase active

$$V_L = V_{red} - V_{bat} = L\frac{di_L}{dt} > 0 \quad \rightarrow \quad \boxed{i_L(t) = \frac{V_{red}-V_{bat}}{L}t + i_{L_{min}}}$$

❖ **Séquence 2 :** Phase de roue libre ; $\alpha T < t < T$

À l'instant $t = \alpha T$, on ouvre l'interrupteur T_r pendant une durée $(1-\alpha)T$. Pour assurer la continuité du courant, la diode D entre en conduction. On obtient alors le schéma équivalent de la figure ci-dessous ;

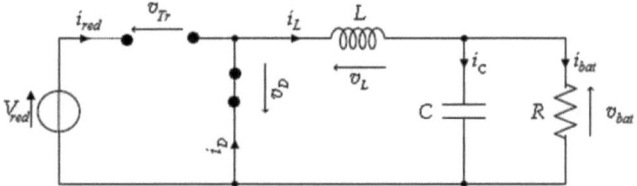

Figure III.10.: Schéma équivalent du hacheur Buck durant la phase de roue libre

$$V_L = -V_{bat} = L\frac{di_L}{dt} < 0 \quad \rightarrow \quad \boxed{i_L(t) = \frac{-V_{bat}}{L}(t - \alpha T) + i_{L_{max}}}$$

❖ **Expression de V_s et I_s :**

Par définition :

$$\langle V_L \rangle = \frac{1}{T}\int_0^T v_L(t).dt = \frac{1}{T}\left(\int_0^{\alpha T}(V_{red} - V_{bat}).dt + \frac{1}{T}\int_{\alpha T}^T (-V_{bat}).dt\right)$$

Comme la tension moyenne aux bornes d'une inductance est nulle, on peut écrire :
$$\langle V_L \rangle = \alpha(V_{red} - V_{bat}) - (1-\alpha)V_{bat} = 0$$
Et finalement, on obtient la relation suivante :
$$\boxed{V_{bat} = \langle v_{bat}(t) \rangle = \alpha . V_{red}}$$

Et puisque $\alpha \in [0, 1]$ la tension de sortie V_{bat} est nécessairement inferieure à la tension d'entrée (montage dévolteur).

Si on suppose que le courant d'entré est parfaitement continu, on peut écrire :
$$I_{red} = \frac{1}{T}\int_0^{\alpha T} i_{bat}(t).dt$$
Ce qui conduit à :
$$\boxed{I_{bat} = \langle i_{bat}(t) \rangle = \frac{I_{red}}{\alpha}}$$

Cette expression montre bien que le hacheur Buck est un montage élévateur de courant.

Le transfert moyen de puissance entre l'entré et la sortie est :
$$\boxed{P = \langle p \rangle = V_{bat} . \frac{I_{red}}{\alpha}}$$

❖ **Expression de ΔI_L :**
$$\Delta I_L = I_{L_{max}} - I_{L_{min}}$$

A partir des relations précédentes, à $t = \alpha T$, on peut écrire :
$$I_{L_{max}} = i_L(\alpha T) = \frac{V_{red} - V_{bat}}{L}\alpha T + i_{L_{min}}$$
On en déduit l'expression de ΔI_L suivante :
$$\boxed{\Delta I_L = \frac{V_{red} - V_{bat}}{L.f}\alpha}$$

Cette expression comme dans le cas de hacheur Boost, nous montre que l'ondulation en courant diminue lorsque la fréquence de commutation f ou la valeur de l'inductance L augmente. Comme $V_{bat} = \alpha V_{red}$, on peut écrire :

$$\Delta I_L = \frac{V_{red}(1-\alpha)}{L.f}.\alpha$$

En résolvant $\frac{d\Delta I_L}{d\alpha} = 0$, on trouve que l'ondulation en courant ΔI_L est maximale pour $\alpha = \frac{1}{2}$. Le dimensionnement de l'inductance L, à partir d'une ondulation en courant donnée, s'effectue à l'aide de l'inéquation suivante :

$$L \geq \frac{V_{red}}{4f\Delta I_L}$$

❖ **Ondulation de tension ΔV_{bat} :**

Le condensateur de sortie est chargé de minimiser l'ondulation du courant de l'inductance. Cette ondulation est utilisée pour calculer l'ondulation de la tension de sortie par l'expression :

$\Delta V_{bat} = \frac{V_{red}(1-\alpha)}{8LCf^2}.\alpha$; Cette ondulation est maximale pour $\alpha = \frac{1}{2}$

➔ $$C \geq \frac{V_{red}}{32.L.\Delta V_{bat}.f^2}$$

❖ **Formes d'ondes des principaux signaux :**

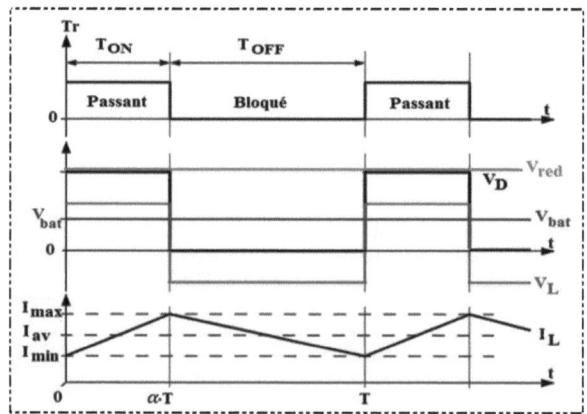

Figure III.11.: Allure des tensions et courants en mode conduction continue

❖ **Contraintes maximales en tension :**

La tension maximale supporté par les semi-conducteurs lorsqu'ils sont bloqués est ;

$$v_{T_{r_{max}}} = |v_{D_{max}}| = v_{red}$$

❖ **Contraintes maximales en courant :**

Le courant maximale supporté par les semi-conducteurs lorsqu'ils sont à l'état conducteurs est ;

$$i_{T_{r_{max}}} = i_{D_{max}} = I_{bat} + \frac{\alpha_{max}(1-\alpha_{max})V_{red}}{2Lf} \rightarrow \alpha_{max} = \frac{1}{2}$$

$$i_{T_{r_{max}}} = i_{D_{max}} = I_{bat} + \frac{V_{red}}{8Lf}$$

III.5.3. Dimensionnement des composants

Cahier des charges :

Les spécifications imposées par notre cahier des charges pour réaliser le circuit de hacheur Buck sont les suivantes :
- Tension d'entrée $V_{red} = 310 \pm 2V$,
- Tension de sortie $V_{bat} = 48V$ avec une ondulation de 5% soit $\Delta V_{bat} \leq 2.4$ V
- On a choisi une fréquence de hachage $f = 5$ kHz

$$V_{bat} = \alpha . V_{red} \rightarrow \alpha = \frac{V_{bat}}{V_{red}} \rightarrow \boxed{\alpha = 0.155}$$

On a choisi une batterie de capacité $C = 120Ah/48V$. L'opération de charge le mieux adaptée à une batterie est sous un courant égal à la dixième de sa capacité nominale :

$$I_{bat} = I_{ch} = \frac{C}{10} = 12A \rightarrow \Delta I_L = 10\%. I_{bat} = 1,2A$$

- **Inductance L :**

$$L \geq \frac{V_{red}}{4f\Delta I_L} \quad \rightarrow \quad \boxed{L \geq 12,92 mH}$$

$$I_{L_{max}} = I_{bat} + \frac{\Delta I_L}{2} \quad \rightarrow \quad I_{L_{max}} = 12.6 A$$

- **Condensateur C :**

$$C \geq \frac{V_{red}}{32.L.\Delta V_{bat}.f^2} \quad \rightarrow \quad \boxed{C \geq 12,5 \mu F}$$

- **Choix de la diode D :**

$$I_{FSM} = i_{D_{max}} = I_{bat} + \frac{\Delta I_L}{2} \quad \rightarrow \quad I_F(AV) = 12.6 \text{ A}$$

$$V_R|_{max} = |v_{D_{MAX}}| = \alpha V_{red} + \frac{\Delta V_{bat}}{2} \quad \rightarrow \quad V_R|_{max} = |v_{D_{MAX}}| = 49.2 \text{ V}$$

- **Choix de la diode T_r :**

Selon le diagramme de Puissance-fréquence utilisé dans le dimensionnement du hacheur Boost et en s'appuyant sur les données de notre montage on constate que le transistor *IGBT* est le mieux convenable pour notre circuit.
Les principaux critères de choix pour un transistor IGBT sont les suivants :
[Annexe B]

- $V_{CES} > V_{CE}|_{max}$
- $I_{C(DC)} > I_{Ceff}$

$$V_{CE}|_{max} = v_{T_{r_{max}}} = V_{red} \quad \rightarrow \quad V_{CE}|_{max} = 312V$$

$$I_{Ceff} = I_{T_{r\_eff}} = \sqrt{\left(\left(\frac{I_s}{1-\alpha}\right)^2 + \frac{\Delta I_L^2}{12}\right).\alpha} \quad \rightarrow \quad I_{Ceff} = 96.95A$$

III.5.4. Simulation sous PSIM

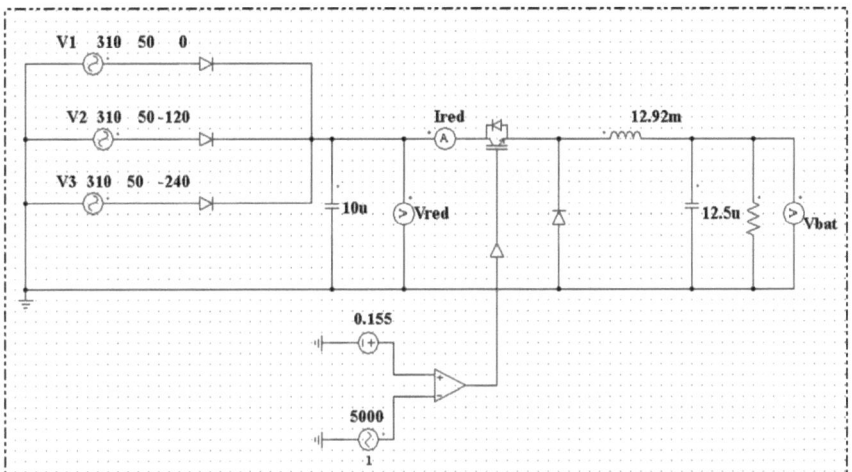

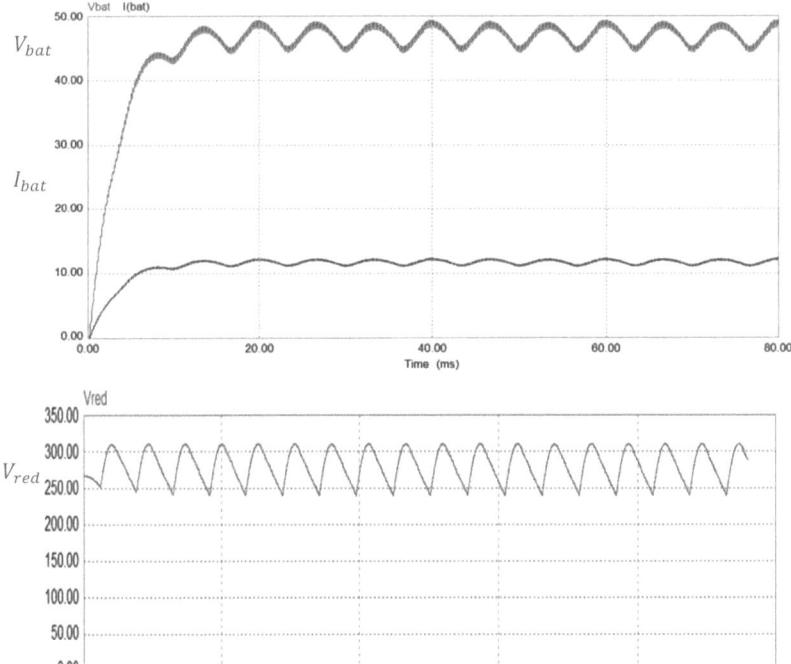

Figure III.12.: Montage du hacheur Buck alimenté par un Redresseur P_3

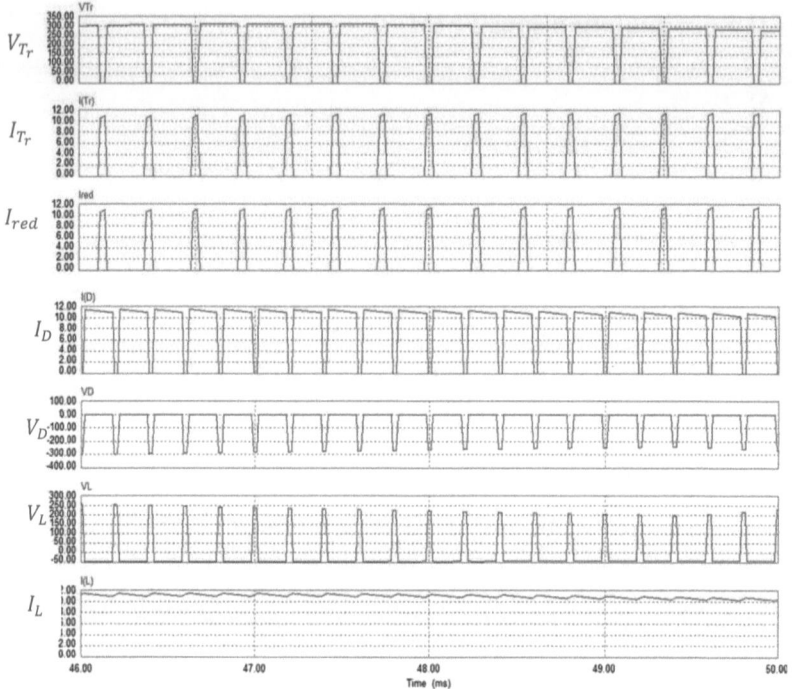

On remarque bien que les différentes formes d'ondes ainsi que leurs valeurs sont très proches et compatible avec les divers résultats obtenues théoriquement.

Dont le but d'avoir un circuit charge batterie à partir du réseau plus commode on le associe un régulateur *PI*.

III.5.5. Régulation du hacheur Buck

En boucle ouverte :

La fonction de transfert du hacheur Buck en mode de conduction continue est :

$$H_\alpha(p) = \frac{V_s(p)}{\alpha(p)} = V_e \frac{1}{1 + \frac{L}{R}p + LCp^2}$$

Pour améliorer les performances du système tel que le temps de réponse, la stabilité et l'erreur statique on a choisi un régulateur *PI* définit par sa fonction de transfert

$$C(p) = \frac{U(p)}{E(p)} = k\left(1 + \frac{1}{\tau p}\right) = k\left(\frac{1 + \tau p}{\tau p}\right)$$

La fonction du transfert du système avec régulateur en boucle ouverte est :

$$FTBO = \frac{k(1 + \tau p)}{\tau p + \frac{L}{R}\tau p^2 + LC\tau p^3}$$

La fonction du transfert du système avec régulateur en boucle fermé est :

$$FTBF = \frac{k(1 + \tau p)}{k + (k\tau + \tau)p + \frac{L}{R}\tau p^2 + LC\tau p^3}$$

Il s'agit d'un système de $3^{\text{ème}}$ ordre qui est difficile à manipuler pour le calcul, donc à l'aide de simulation est pour un choix convenable des éléments du correcteur $k = 10^{-4}$ et $\tau = 10^{-4}s$ on 'a réglé la tension de sortie du hacheur Buck à $48V$.

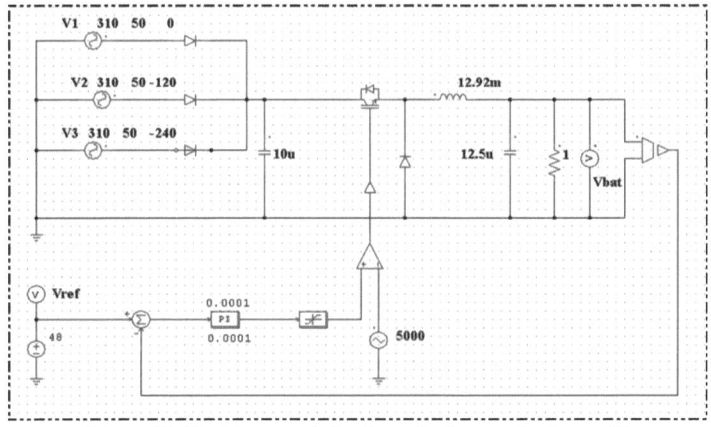

Figure III.13.: Montage du hacheur Buck avec régulateur PI

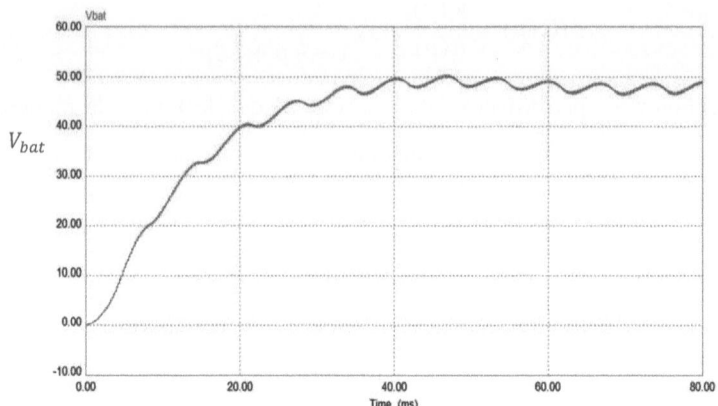

On remarque que la tension de sortie de hacheur Buck converge vers la valeur désiré au bout de $40ms$.

Chapitre IV : Analyse de la technologie photovoltaïque

Dans ce chapitre, nous présentons tout d'abord les principes de base sur l'énergie solaire photovoltaïque ensuite nous passons à l'étude de notre cas qui est le chargement d'ensemble des batteries depuis un champ solaire à fin de disposer d'une alimentation autonome en cas de défauts réseau *STEG*.

L'énergie solaire photovoltaïque est une forme d'énergie renouvelable. Elle permet de produire de l'électricité par transformation d'une partie du rayonnement solaire grâce à une cellule photovoltaïque.

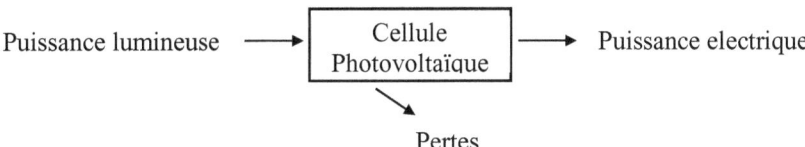

Le rendement d'une cellule photovoltaïque est faible : inférieur à 20%.

IV.1.Définitions [10]

o Cellules, panneaux et champs photovoltaïques :

La cellule photovoltaïque est l'unité de base qui permet de convertir l'énergie lumineuse en énergie électrique. Un panneau photovoltaïque est formé d'un assemblage de cellules photovoltaïques. Parfois, les panneaux sont aussi appelés modules photovoltaïques. Lorsqu'on regroupe plusieurs panneaux sur un même site, on obtient un champ photovoltaïque.

o Puissance lumineuse et éclairement :

L'éclairement caractérise la puissance lumineuse reçue par unité de surface. Il s'exprime en W/m^2. La grandeur associée à l'éclairement est notée **G**. Parfois, cette grandeur est aussi appelée irradiance.

IV.2. Principe d'une cellule photovoltaïque [10]

Les cellules photovoltaïques sont fabriquées à partir d'une jonction PN au silicium (diode). Pour obtenir du silicium dopé N, on ajoute du phosphore. Ce type de dopage permet au matériau de libérer facilement des électrons (charge -). Pour obtenir du silicium dopé P, on ajoute du bore. Dans ce cas, le matériau crée facilement des lacunes électroniques appelées trous (charge +). La jonction PN est obtenue en dopant les deux faces d'une tranche de silicium. Sous l'action d'un rayonnement solaire, les atomes de la jonction libèrent des charges électriques de signes opposés qui s'accumulent de part et d'autre de la jonction pour former un générateur électrique.

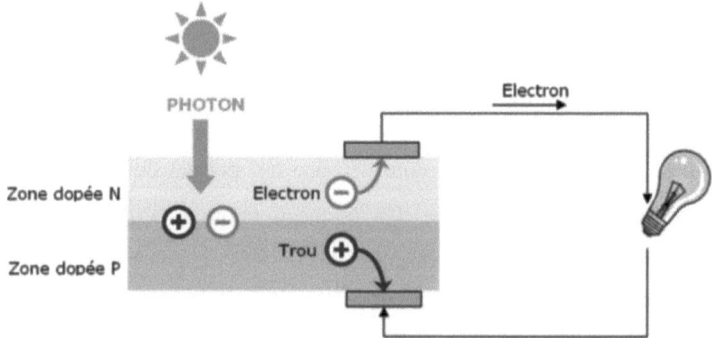

✎ **Les principaux types de générateurs photovoltaïques :**

o <u>Silicium monocristallin :</u>

Les cellules en silicium monocristallin représentent la première génération des générateurs photovoltaïques. Pour les fabriquer, on fond du silicium en forme de barreau. Lors d'un refroidissement lent et maîtrisé, le silicium se solidifie en ne formant qu'un seul cristal de grande dimension. On découpe ensuite le cristal en fines tranches qui donneront les cellules. Ces cellules sont en général d'un bleu uniforme.

Durée de vie : 20 à 30 ans.

- Avantages :
  - bon rendement, de 12% à 18%
  - bon ratio W_c/m^2 (environ $150 W_c/m^2$) ce qui permet un gain de place si nécessaire.
  - nombre de fabricants élevé
- Inconvénients :
  - coût élevé
  - rendement faible sous un faible éclairement.

o Silicium poly-cristallin (multi-cristallin) :

Pendant le refroidissement du silicium dans une lingotière, il se forme plusieurs cristaux. La cellule photovoltaïque est d'aspect bleuté, mais pas uniforme, on distingue des motifs créés par les différents cristaux.

- Avantages :
  - Cellule carrée (à coins arrondis dans le cas du Si monocristallin) permettant un meilleur foisonnement dans un module
  - Moins cher qu'une cellule monocristalline
- Inconvénients :
  - Moins bon rendement qu'une cellule monocristalline : 11 à 15%
  - Ratio W_c/m^2 moins bon que pour le monocristallin (environ $100 W_c/m^2$)
  - Rendement faible sous un faible éclairement.

Ce sont les cellules les plus utilisées pour la production électrique (meilleur rapport qualité-prix). Durée de vie : 20 à 30 ans.

o Silicium amorphe :

Le silicium lors de sa transformation, produit un gaz, qui est projeté sur une feuille de verre. La cellule est gris très foncé. C'est la cellule des calculatrices et des montres dites "solaires".

- Avantages :
  - Fonctionne avec un éclairement faible ou diffus (même par temps couvert).
  - Un peu moins chère que les autres technologies.
  - Intégration sur supports souples ou rigides.
- Inconvénients :
  - Rendement faible en plein soleil, de 6% à 8%.
  - Nécessité de couvrir des surfaces plus importantes que lors de l'utilisation de silicium cristallin (ratio W_c/m^2 plus faible, environ $60 W_c/m^2$) performances qui diminuent avec le temps (environ 7%).

IV.3. Caractéristiques électriques d'une cellule [10]

o Caractéristiques courant - tension :

A température et éclairement fixés, la caractéristique courant-tension d'une cellule a l'allure suivante :

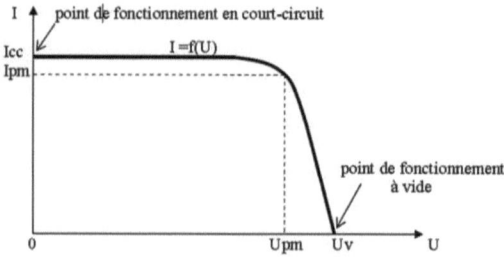

Sur cette courbe, on repère :
- ✓ le point de fonctionnement à vide : U_v pour $I = 0A$
- ✓ le point de fonctionnement en court-circuit : I_{cc} pour $U = 0V$

Pour une cellule monocristalline de 10x10cm, les valeurs caractéristiques sont : $I_{cc} = 3A$ et $U_v = 0,57V$ ($G = 1000W/m^2$ et $\theta = 25°C$).

o Caractéristiques puissance-tension :

La puissance délivrée par la cellule a pour expression $P = U.I$ Pour chaque point de la courbe précédente, on peut calculer la puissance P et tracer la courbe $P = f(U)$. Cette courbe a l'allure suivante :

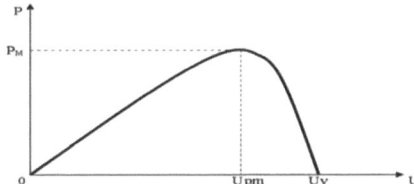

Cette courbe passe par un maximum de puissance (PM). A cette puissance correspond, une tension U_{pm} et un courant I_{pm} que l'on peut aussi repérer sur la courbe $I = f(U)$. Pour une cellule monocristalline de 10x10cm, les valeurs caractéristiques sont :

$P_M = 1,24W$, $U_{pm} = 0,45V$, $I_{pm} = 2,75A$ ($G = 1000W/m^2$ et $\theta = 25°C$).

o <u>Influence de l'éclairement :</u>

A température constante, la caractéristique $I = f(U)$ dépend fortement de l'éclairement :

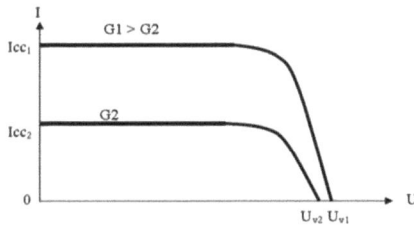

Sur cette courbe, on remarque que le courant de court-circuit augmente avec l'éclairement alors que la tension à vide varie peu. A partir de ces courbes, on peut tracer les courbes de puissance $P = f(U)$:

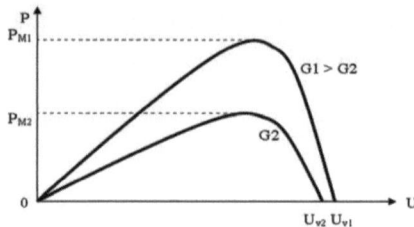

Sur ces courbes, on remarque que la puissance maximum délivrée par la cellule augmente avec l'éclairement.

o <u>Influence de la température :</u>

Pour un éclairement fixé, les caractéristiques $I = f(U)$ et $P = f(U)$ varient avec la température de la cellule photovoltaïque :

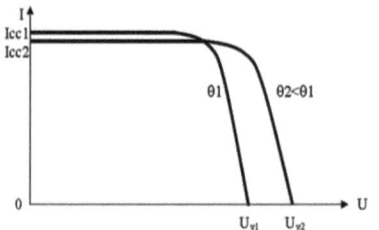 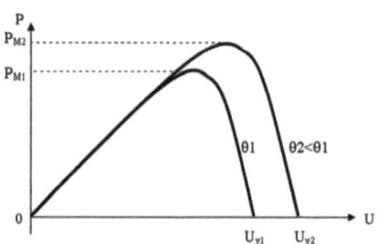

Sur ces courbes, on remarque que la tension à vide et la puissance maximum diminuent lorsque la température augmente.

o <u>Définition de la puissance de crête :</u>

Par définition, la puissance de crête représente la puissance maximum fournie par une cellule lorsque l'éclairement $G = 1000W/m^2$, la température $\theta = 25°C$. L'unité de cette puissance est le Watt crête, noté W_c.

Les constructeurs spécifient toujours la puissance de crête d'un panneau photovoltaïque. Cependant, cette puissance est rarement atteinte car l'éclairement est souvent inférieur à $1000 W/m^2$ et la température des panneaux en plein soleil dépasse largement les $25\,°C$.

o Groupements de cellules :

On peut grouper les cellules en série ou en parallèle.

- Le groupement série permet d'augmenter la tension de sortie. Pour un groupement de
n Cellules montées en série la tension de sortie U_s a pour expression générale :
$U_s = n \cdot U_c$ avec U_c : tension fournie par une cellule. Pour ce groupement, le courant est commun à toutes les cellules.

Exemple : groupement de 3 cellules en série.

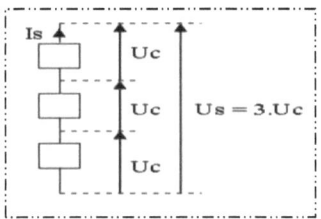

- Le groupement en parallèle permet d'augmenter le courant de sortie. Pour un groupement de n cellules montées en parallèle, le courant de sortie I_s a pour expression générale :

$I_s = n \cdot I$ Avec I : courant fourni par une cellule.

Pour ce groupement, la tension est commune à toutes les cellules.

Exemple : groupement de 3 cellules en parallèle :

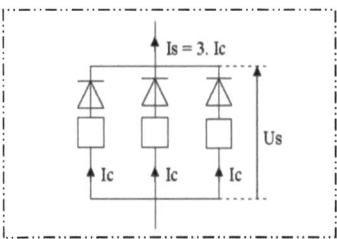

Pour éviter que les cellules ne débitent les unes sur les autres, on ajoute des diodes anti-retour.

IV.3.1. Étude de notre cas

La tache imposée par notre cahier des charges concernant l'énergie photovoltaïque consiste à faire le chargement d'une batterie à partir d'un champ solaire.

IV.3.1.1. Modélisation de la structure

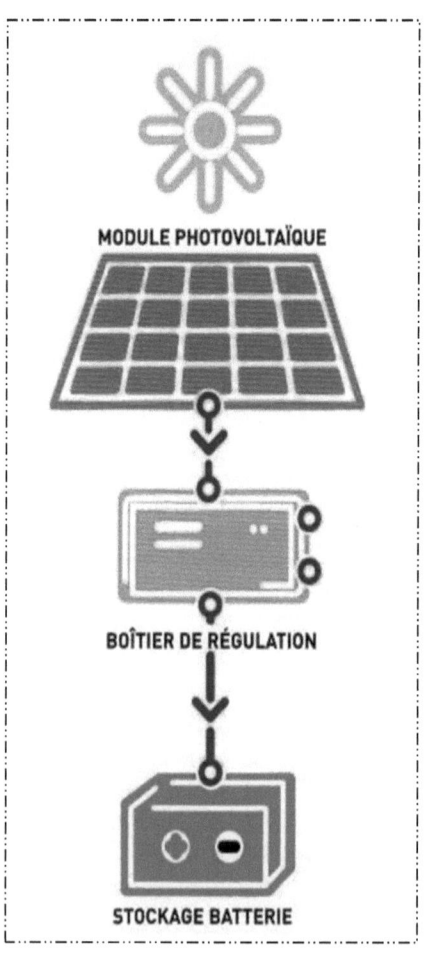

Le générateur photovoltaïque GPV est constitué de N_{bp} branches en parallèle ; ces branches sont formées de N_{ms} modules montés en série et chaque module comporte N_{cs} cellule en série.

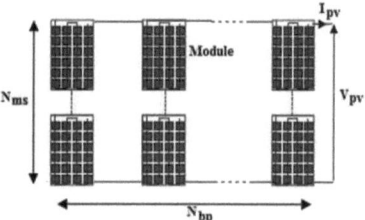

Si on étudie la caractéristique d'une cellule photovoltaïque et si on suppose que la cellule étant chargée par une résistance, lorsque l'on éclaire la jonction PN, on observe l'apparition d'un courant inverse I sous une tension en sens direct V. La jonction fonctionne en photopile, c'est l'effet photovoltaïque.

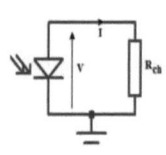

A l'obscurité une jonction PN ou cellule photovoltaïque se comporte comme une diode :

$$I_D = I_s \cdot \left[e^{\left(\frac{qV_D}{KT}\right)} - 1 \right]$$

Le schéma équivalent d'une cellule photovoltaïque idéale à jonction PN est analogue à une source de courant montée en parallèle avec une diode.

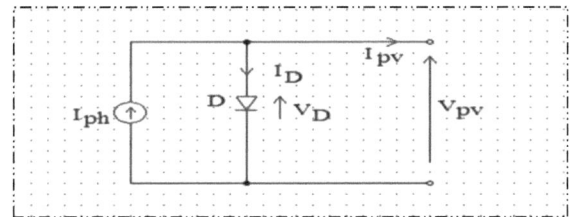

Figure IV.1.: Schéma equivalent d'une cellule photovoltaïque idéale

Les expressions de courants schématisés sur la figure précédente sont décrites par ;

Courant photo généré est pratiquement proportionnel aux flux lumineux "E" tel que :

$$I_{ph} = h * E$$

Le courant traversant la diode est donnée par ;

$$I_D = I_s \cdot \left[e^{\left(\frac{qV_{pv}}{KT}\right)-1} \right] \quad \text{car} \quad V_D = V_{pv}$$

Le courant de saturation I_s de la diode D est donnée par :

$$I_S = I_{s0} \cdot e^{\left(\frac{-qV_o}{KT}\right)}$$

Le courant délivré par une cellule photovoltaïque est donné par la relation suivante :

$$I_{pv} = I_{ph} - I_D = h * E - I_s \cdot \left[e^{\left(\frac{qV_{pv}}{KT}\right)-1} \right]$$

Avec :

I_s : Courant de saturation inverse de la diode.

I_D : Courant traversant la diode.

I_{pv} : Courant de la photopile (cellule).

I_{ph} : Courant généré par l'irradiation ou courant photo-généré.

V_{pv} : Tension aux bornes de la photopile.

V_o : Tension de diffusion.

h : Constante dépend de la caractéristique de la cellule, elle est en $[Am^2/W]$.

E : Eclairement solaire global en $[KW/m^2]$.

K : Constante de Boltzmann ($K = 1,38.10^{-23} J/°K$).

q : Charge élémentaire d'un électron ($q = 1,602.10^{-19} C$).

T : Température de la jonction en ($°K$).

La tension de sortie du module en fonction de l'éclairement est telle que :

$$V_{PV} = \frac{KT}{q} \ln\left(\frac{I_s - I_{pv} - hE}{I_s}\right)$$

Remarque 1:

Le rapport $\frac{KT}{q}$ s'appelle potentiel thermodynamique et il est exprimé en volt. Donc $V_T = \frac{nKT}{q}$, tout en supposant que le facteur d'idéalité de la photopile (n) égale à 1(en générale n compris entre 1 et 5 dans la pratique).

Remarque 2:

Ces équations sont valables pour une seule cellule, pour un générateur photovoltaïque composé de plusieurs cellules identiques montées en série et en parallèle on aura les expressions suivantes :

o Pour une cellule on a :

$$I_{CPV} = h * E - I_s\left[e^{\left(\frac{q*V_{CPV}}{K.T}\right)-1}\right]$$

Avec :

I_{CPV} : Courant débité par une cellule photovoltaïque,

V_{CPV} : Tension délivré par une cellule photovoltaïque.

La tension délivrée par le générateur photovoltaïque dépend du nombre de cellules branchées en série et est donnée par :

$$V_{PV} = N_s * V_{CPV}$$

Le courant débité par le générateur est lié au nombre de cellules montées en parallèle et se traduit par l'expression suivante :

$$I_{PV} = N_P * I_{CPV}$$

Avec :

V_{PV} : Tension délivrée par le générateur photovoltaïque.

I_{PV} : Courant débité par le générateur photovoltaïque.

N_s : Nombre de cellules montées en série,

N_P : Nombre de cellules branchées en parallèle.

D'où le courant débité par un générateur photovoltaïque contenant N_s cellules branchées en série et N_P cellules montées en parallèle est donné par la relation suivante :

$$I_{PV} = N_P h * E - N_P I_s . \left[e^{\left(\frac{qV_{pv}}{N_s.KT}\right)-1} \right]$$

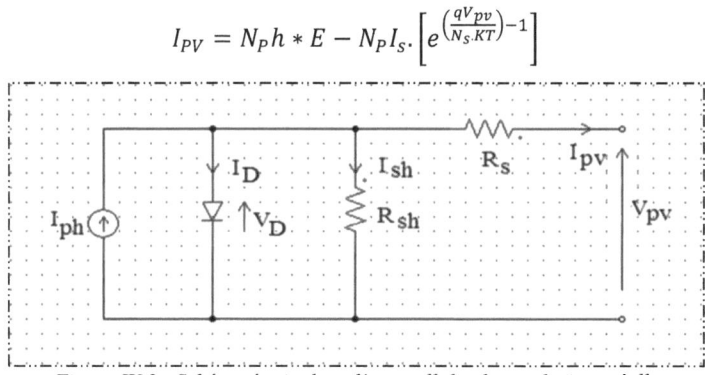

Figure IV.2.: Schéma équivalent d'une cellule photovoltaïque réelle

Les valeurs des paramètres I_{Ph}, R_s, R_{sh} sont calculées à partir d'essais effectués sur la cellule à modéliser.

D'âpres la loi des nœuds ;

$$I_{PV} = I_{Ph} - I_D - I_{sh} = I_{Ph} - I_s . \left[e^{\left(\frac{qV_D}{KT}\right)-1} \right] - I_{sh}$$

La loi des mailles nous donne ;

$V_D = V_{PV} + R_s I_{PV}$ et $I_h = \frac{V_{PV} + R_s.I_{PV}}{R_{sh}}$

$$I_{PV} = I_{Ph} - I_s \left[e^{\left(\frac{q(V_{pv}+R_s I_{pv})}{KT}\right)} - 1 \right] - \left(\frac{V_{pv}+R_s I_{pv}}{R_{sh}}\right)$$

Donc le modèle de la cellule photovoltaïque idéal est satisfait si on néglige l'effet des résistances R_s et R_{sh} tel que :
$R_s \approx 0$, donc la résistance se comporte comme un fil conducteur et $R_s \to \infty$ donc se comporte comme un circuit ouvert d'où ;

- ☑ Courant de court-circuit : soit $V_{pv} = 0$ et $I_{pv} = I_{cc}$ alors $I_{Ph} = I_{cc} = h \times E$, autrement le courant de court-circuit est défini pour $I_{pv} = I_{cc}$ et $V_{pv} = 0$ d'où $V_D = 0$ donc $I_{ph} = I_{pv} = I_{cc}$.

- ☑ Tension de circuit ouvert : soit $V_{pv} = V_{c0}$ et $I_{pv} = 0$ alors $V_{c0} = \frac{KT}{q} \ln\left(1 + \frac{I_{ph}}{I_s}\right)$ et $V_{c0} \approx \frac{KT}{q} \ln\left(\frac{I_{ph}}{I_s}\right)$

Car $I_s \ll I_{ph}$. Si on a N_s cellules en série et N_p branches en parallèle alors :

$$V_{co} = \frac{N_s KT}{q} \ln\left(\frac{N_p\, h\, E + N_p I_s}{N_p I_s}\right)$$

Point de fonctionnement optimal :

La caractéristique $I = f(V)$ d'une cellule photovoltaïque est caractérisée par un point de fonctionnement optimal $M(V_m, I_m)$, c'est-à-dire celui pour lesquels les cellules délivrent la puissance maximale.

Soit $I_{PV} = I_{ph} - I_s \cdot \left[e^{\left(\frac{qV_{PV}}{KT}\right)} - 1 \right]$

La puissance produit par la cellule est exprimée ainsi :

$$P_{pv} = V_{pv} \cdot I_{pv} = V_{pv} \left[I_{ph} - I_s \cdot \left[e^{\left(\frac{qV_{PV}}{KT}\right)} - 1 \right] \right]$$

On note la valeur de tension pour laquelle la dérivée de la puissance par rapport à V s'annule par V_m on aura alors les équations suivantes :

$$\frac{dP_{pv}}{dV_{pv}} = 0 = I_{pv} + V_{pv}\frac{dI_{pv}}{dV_{pv}} = I_{pv} + V_{pv}\left(-I_s * \frac{q}{KT}e^{\frac{qV_{PV}}{KT}}\right)$$

$$= I_{pv} + V_{pv}\frac{q}{KT}\left(-I_s * e^{\frac{qV_{PV}}{KT}}\right)$$

$$= I_{pv} + V_{pv}\frac{q}{KT}\left(I_{pv} - I_{ph} - I_s\right)$$

$$\rightarrow V_{pv} = \frac{KT}{q}\left[\frac{-I_{pv}}{I_{pv}-I_{ph}-I_s}\right]$$

Et comme à puissance maximale : $I_{PV} = I_m$: tension à puissance maximale.

et $V_{PV} = V_m$: courant à puissance maximale.

$P_m = V_m * I_m$ donc $V_m = \frac{KT}{q}\left[\frac{I_m}{I_{ph}-I_m+I_s}\right]$

Dans les conditions optimales de fonctionnement du panneau on aura les relations suivantes :

$$I_m = h * E - I_s\left(e^{\left(\frac{qV_m}{KT}\right)-1}\right) = 0.94 * h * E$$

D'où l'expression de la tension deviendra comme ceci :

$$V_m = \frac{K*T}{q}.\ln\left[\frac{I_s - I_m + h*E}{I_s}\right] = \frac{KT}{q}.\ln\left[\frac{0,94*h*E}{0,06*h*E+I_s}\right]$$

o Facteur de forme :

Le facteur de forme ff est le rapport entre la puissance maximale et le produit du courant de court circuit avec la tension circuit ouvert tel que :

$$ff = \frac{V_m.I_m}{V_{co}.I_{cc}}$$

En général, la valeur de facteur de forme est supérieur à 0,7 pour les bonnes cellules. Ce facteur renseigne également sur l'influence des résistances R_s et R_{sh}, c'est-à-dire l'influence de la présence des résistances série et shunt se manifeste par une baisse du facteur de forme.

IV.3.1.2. Modélisation d'un panneau photovoltaïque sous PSIM [4]

L'équation mathématique de la caractéristique $I_{pv}(V_{pv})$ d'un panneau photovoltaïque est donnée par :

$$I_{pv} = I_{sc} - I_s \cdot \left[e^{\left(\frac{eV}{KT}\right)} - 1 \right]$$

Avec :

e : Charge d'un électron $1,6.10^{-19}$ C.

K : Constante de Boltzmann $1,38.10^{-23}$ J/K.

I_{sc} : Représente le courant de court-circuit dû à l'éclairement.

I_s : Est le courant de saturation.

L'équation ci-dessus peut être traduite par un schéma électrique équivalent composé d'une source de courant pour le premier terme et d'une diode en parallèle qui modélise la jonction *PN* pour le deuxième terme de l'équation.

Or le modèle de la diode sous *PSIM* est représenté par deux résistances correspondantes à l'état passant et bloqué. Cette représentation ne prend donc pas en compte la jonction PN. Par conséquent, le comportement du panneau solaire (pour un ensoleillement donné), sous PSIM peut être représenté par un schéma électrique équivalent qui permet une approximation par quatre segments de droite de la caractéristique $I_{pv}(V_{pv})$ du générateur photovoltaïque [**Annexe A**].

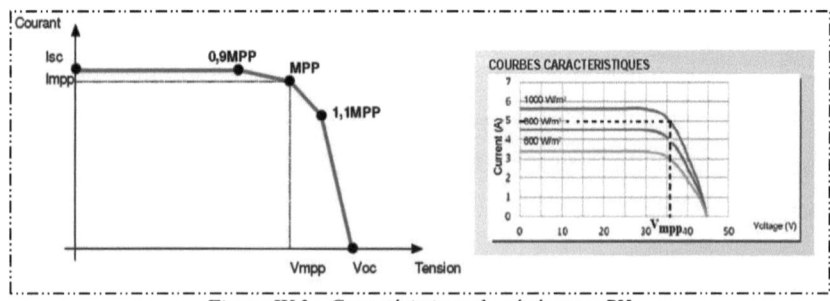

Figure IV.3.: Caractéristique du générateur PV

La figure suivante présente les éléments du schéma électrique équivalent du panneau photovoltaïque.

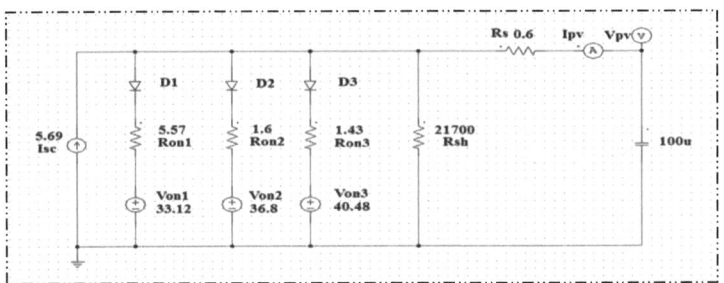

Figure IV.4.: Modélisation linéaire par segments à diodes parallèles du générateur PV

La résistance R_s représente les diverses résistances de contact et de connexion. La résistance R_{sh} caractérise les divers courants de fuites, aux effets de bords de la jonction PN et aux recombinaisons. La détermination des résistances $R_{on1,2,3}$ est effectuée en fonction du segment respectif. Les caractéristiques pour un le générateur photovoltaïque donnée à notre disposition à une irradiation de $1000\ W/m^2$ sont les suivantes : $V_{oc} = 44{,}4\ V, V_{mpp} = 36{,}8\ V, I_{sc} = 5{,}69 A$ et $I_{mpp} = 5{,}03\ A$. Le calcul pour chaque segment sera effectué selon la procédure suivante.

Le courbe de la variation de I_{pv} en fonction V_{pv} est divisé en quatre segments :

- Segment 1 :

Ce segment est modélisé par une source de courant $I_{sc} = 5{,}69 A$.

- Segment 2 :

$V_{on_1} = 0{,}9 * V_{mpp} = 33{,}12 V$, $R_{on_1} = \dfrac{V_{mpp} - 0.9 V_{mpp}}{I_{sc} - I_{mpp}} = 5{,}57 \Omega$.

- Segment 3 :

$V_{on_2} = V_{mpp} = 36{,}8 V$, $R_{on_2} = \dfrac{1{,}1 * V_{mpp} - V_{mpp}}{I_{mpp} - 2{,}74} = 1{,}6 \Omega$.

- Segment 4 :

$V_{on_3} = 1{,}1 * V_{mpp} = 40{,}48 V$, $R_{on_3} = \dfrac{V_{oc} - V_{on_3}}{2{,}74} = 1{,}43 \Omega$.

o **Modélisation du bus continu :**

Il est nécessaire de monter un condensateur en parallèle avec le générateur photovoltaïque pour que la source fonctionne dans des conditions similaires à celles d'un générateur de tension.

La tension de bus continu est donnée par :

$V_{DC} = \frac{1}{C_p} \int I_{C_p}.dt$ donc $\frac{dV_{DC}}{dt} = \frac{1}{C_p}.I_{C_p}$ et d'âpres la loi des nœuds :

$$\frac{dV_{DC}}{dt} = \frac{1}{C_p}(I_{pv} - I_{DC})$$

o **Résultats de simulation sous *PSIM* :**

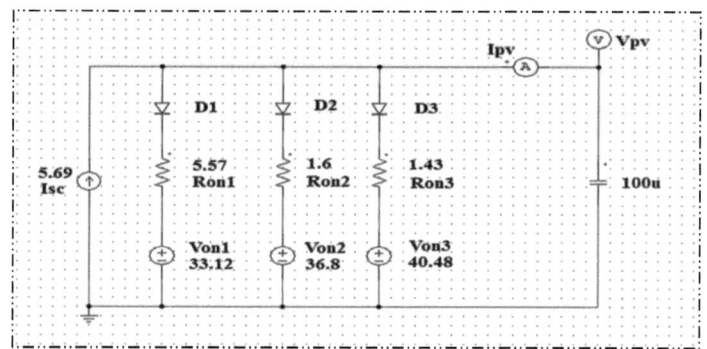

Figure IV.5.: Modèle idéal du GPV

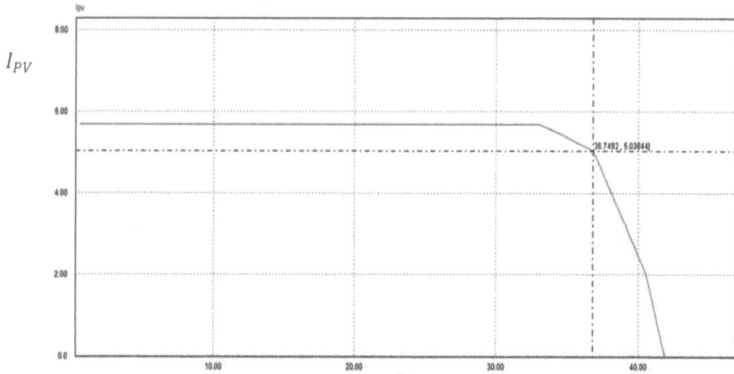

Figure IV.6.: Caractéristique $I_{pv} = f(V_{pv})$ idéal

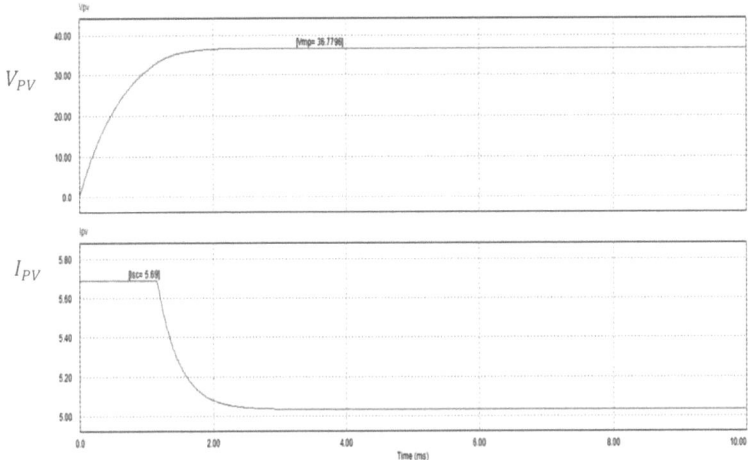

Figure IV.7.: Évolution des grandeurs V_{pv} et I_{pv}

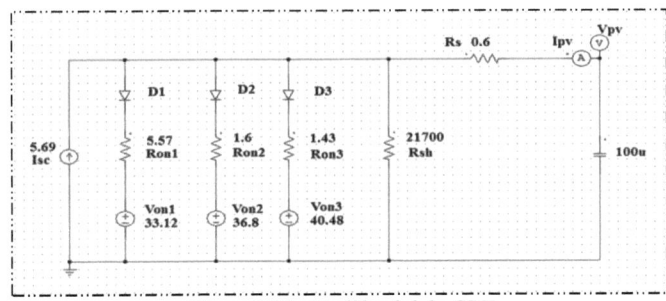

Figure IV.8.: Modèle réel du GPV

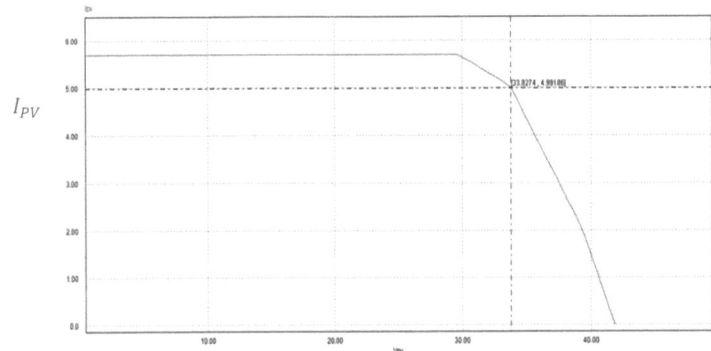

Figure IV.9.: Caractéristique $I_{pv} = f(V_{pv})$ réel

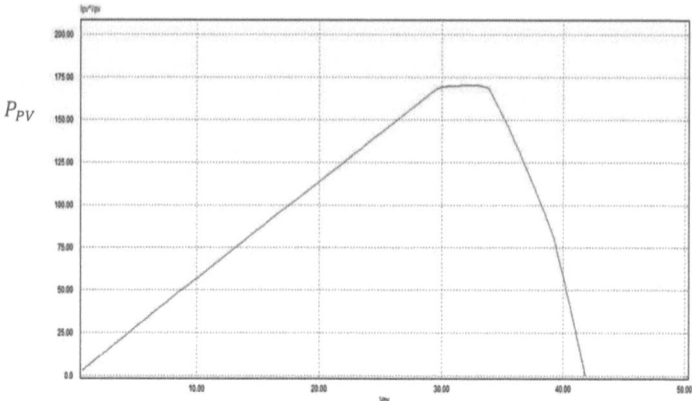

Figure IV.10.: Caractéristique $P_{pv} = f(V_{pv})$

Ce modèle de simulation ne permet pas de prendre en compte les paramètres variables tels que la température de surface du panneau et le niveau d'irradiance. Pour charger la batterie dans les meilleures conditions depuis un GPV, notre cas nécessite un étage d'adaptation dont le rôle est de faire convertir une tension continue à la sortie du champ photovoltaïque à une autre tension continue de plus haute valeur. C'est la fonction d'un hacheur élévateur de type Boost. En effet en tenant compte de courant de chargement de la batterie ($12A$), il nous faut trois panneaux montés en parallèle comme le montre la figure suivant :

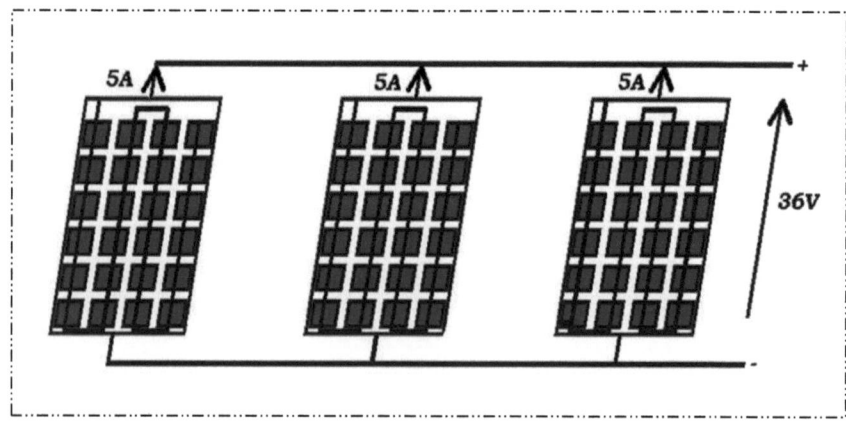

Figure IV.11.: Montage des GPV en parallèle

IV.4. Etage d'adaptation $GPV - Batterie$:

La tension de chargement de la batterie est plus élevée que la tension optimale fournie par le module solaire, ce que nous amène à l'utilisation d'un hacheur Boost comme suit :

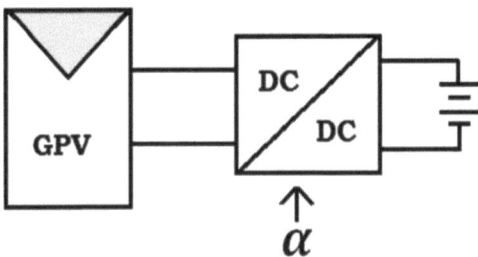

Figure IV.12.: Schéma bloc d'étage d'adaptation

IV.4.1. Dimensionnements des composants du hacheur Boost:

Vu qu'on a étudié en détail le fonctionnement du hacheur boost, nous limitons dans cette division seulement à la dimensionnements des composants de ce dernier.

$P_{PV} = 3x185W_c$, $V_{PV} = 36V$, $\qquad \alpha = 0,25, L \geq \dfrac{V_{PV}}{4f\Delta I_{L_{max}}}$

$I_{PV} = 15A$

$$\boxed{\rightarrow \ L \geq 0,8mH}$$

$V_{Bat} = 48V, \Delta I_{L_{max}} = 20\%, f_{hch} = 5Khz$ $\qquad L \geq \dfrac{I_{Bat}}{f\Delta V_{bat_{max}}}$

$$\boxed{\rightarrow \ C \geq 1,5mF}$$

IV.4.2. Simulation de fonctionnement de l'étage d'adaptation :

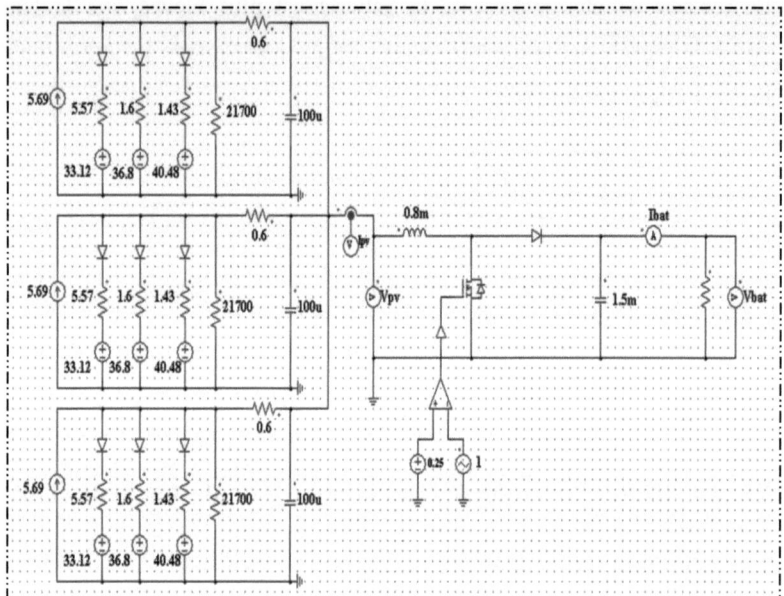

Figure IV.13.: Montage de simulation de GPV associé au hacheur Boost

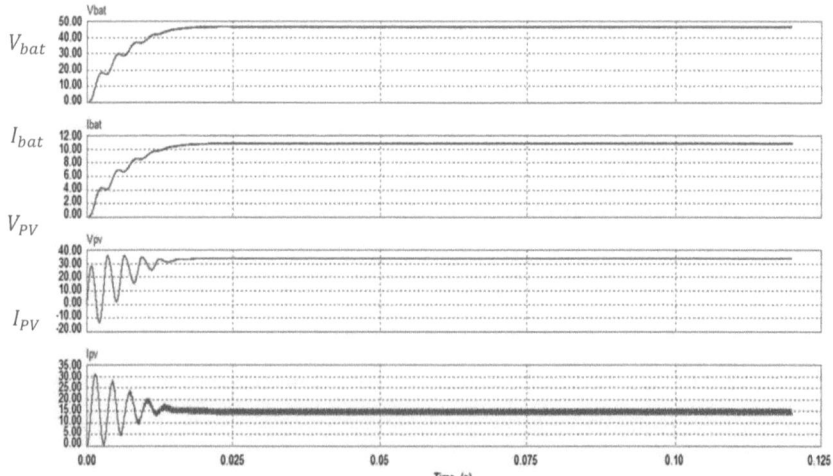

Figure IV.14.:Variation de tension et courant GPV au cours du temps

On constate que les résultats obtenus par simulation sont très proches de celle trouvé lors de l'étude théorique.

Pour que les panneaux solaire délivrent leurs puissances maximale il faut associer au circuit du hacheur boost une commande de type MPPT (Maximum Power Point Tracking). En effet cette commande elle impose toujours un rapport cyclique ($\alpha = \alpha_{opt}$) optimale pour maximiser l'énergie retirer à partir du champ solaire même si la charge varie.

IV.5. Circuit d'aiguillage Réseau STEG/GPV

Afin d'assurer une charge suffisant dans la batterie dans le cas d'échec réseau on a disposé de deux sources de chargement (un champ photovoltaïque et le réseau STEG). Dont le but de maximiser le rendement de système photovoltaïque et de profiter au maximum de cette énergie, nous avons donné la priorité de chargement à partir de ce dernier en tenant compte de sa disponibilité. En effet le circuit de principe d'aiguillage qui réalise cette fonction est la suivante.

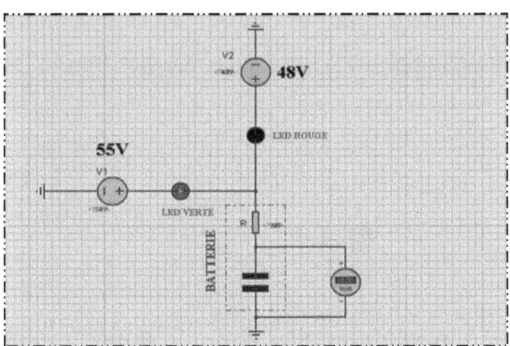

Figure IV.15.: charge de la batterie via le GPV « schéma de principe »

La régulation de la tension au sortie du hacheur Boost fournie par le *GPV* est ajustée de tel façon qu'il sera toujours supérieure légèrement à la tension délivrée par le réseau via un pont redresseur et un hacheur Buck. Dans ce cas le potentiel le plus élevé impose leur tension et la batterie se chargera depuis les panneaux solaires (signalé par une LED verte).

Dans le cas d'insuffisance d'ensoleillement et la chute d'énergie produite par le module photovoltaïque, il provoque un abaissement de la tension ce qui entraine l'ouverture de la deuxième voix et la connexion de la batterie au circuit de charge réseau (signalé par une LED rouge).

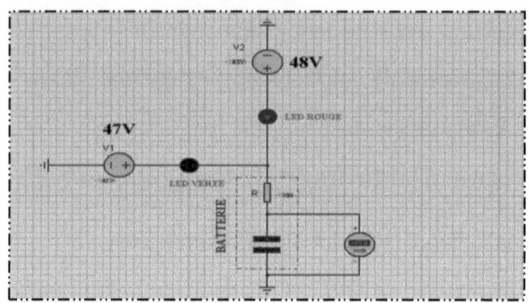

Figure IV.16.: Charge de la batterie via le réseau« schéma de principe »

Pour garantir un rendement maximal du système photovoltaïque, et puisque ce dernier ne produit pas de l'énergie pendant la nuit, un isolement automatique du circuit charge réseau est nécessaire durant la nuit à fin d'éviter le charment complète de la batterie via le réseau. Donc l'utilisation d'un organe photosensible est obligatoire. Le montage ci-dessous illustre cette fonction [6].

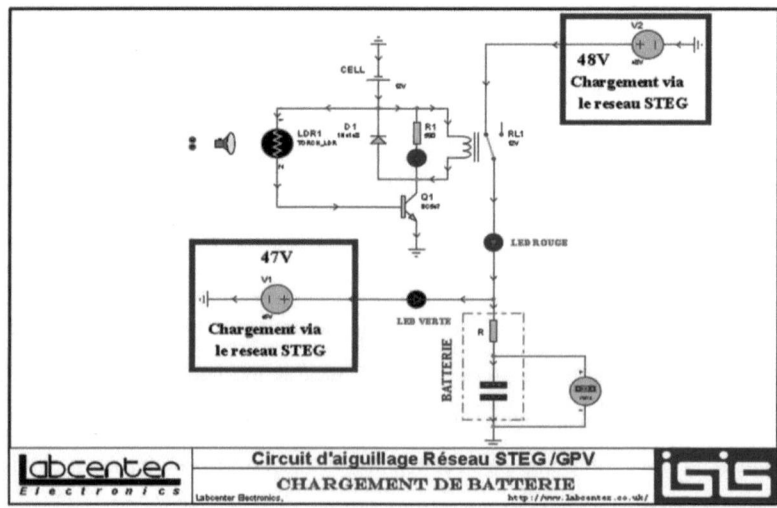

Figure IV.17.: Isolation du circuit charge réseau pendant la nuit« schéma de principe »

Pendant le jour, la valeur de photorésistance ($LDR1$) subit un affaiblissement important. Donc le transistor Q_1 se trouve saturé et par suite l'alimentation de la bobine du relais (signalé par la LED bleu) assure par la fermeture de son contact le chargement de la batterie depuis le réseau en cas d'insuffisance d'ensoleillement.

Par contre, pendant la nuit la valeur de $LDR1$ augmente en fonction de l'obuscurité, ce qui provoque la désexcitation de la bobine du relais et l'isolation du circuit charge réseau.

Conclusion générale

Au cours de ce projet de fin d'études, nous avons essayé d'étudier une alimentation de secours « Redresseur /onduleur triphasé de puissance 3KW assistant le réseau *STEG* 380V/50Hz » qui permet d'alimenter une charge triphasé pendant un temps bien déterminé en cas d'échec réseau. En effet ce système repose sur l'utilisation d'une batterie d'accumulateur qui sera chargée de priorité depuis un module solaire, pour assurer toujours la disponibilité d'une charge suffisant dans la batterie notre système utilise le réseau *STEG* comme une source d'assistance en cas de baisse ou l'absence d'ensoleillement durant l'opération de chargement.

Pour cela nous avons employé deux circuits hacheurs de type Boost pour faire l'adaptation d'une coté entre le module solaire et la batterie, et d'autre coté entre la batterie et l'onduleur. Entre le réseau et la batterie, en plus de circuit redresseur, on a utilisé un hacheur de type Buck pour disposer d'une tension compatible à la tension charge de la batterie. Afin de maximiser l'énergie tirée à partir du module solaire il faut associer une commande *MPPT* au hacheur élévateur destiné au circuit de charge via le panneau solaire.

Pour protéger la batterie contre les phénomènes de surcharge et les décharges profond on a associé à ce dernier un circuit de contrôle qui permet d'isoler la batterie aux circuits de chargement en cas de surcharge et à l'onduleur en cas de surcharge profond.

Pour traiter et afficher les informations sur l'état de chargement de la batterie (opération en cours ; charge *ON* ou *OFF*, décharge *ON* ou *OFF*...) notre système nécessite l'utilisation d'un circuit programmable « *PIC* » qui a comme mission de traiter les informations reçus via un circuit de mesure et de donner en sortie les ordres convenable ainsi que la transmission d'un message technique sur un terminal « ordinateur » via une liaison série *RS*232.

Ce projet nous a permis d'avoir une bonne expérience dans le domaine professionnel par contact avec les cadres et les agents du centre de production de l'électricité de Sousse et une bonne occasion pour améliorer nos connaissances théoriques et pratiques dans le domaine d'électronique de puissance et de l'énergie renouvelable.

En effet, il nous a permis d'enrichir nos compétences au niveau de l'étude et la préparation des circuits électriques en utilisant des logiciels de simulation telle que *PSIM*.

Bibliographie

[1] : Guy SEGUIER, Les convertisseurs de l'électronique de puissance Tome4 « *La conversion continu − alternatif* »

[2] : Hubert LARGEAUD, « Le schéma électrique » 3ème édition 2001.

[3] : Benoît ISSARTEL - Projet P10AB04 POLYTECH CLERMONT-FERRAND, Conception d'un convertisseur DC/DC de type boost.

[4] : JM ROUSSEL « *Système photovoltaïque autonome ou couplé au réseau* », Département GEII, 2 avenue François Mitterrand 36000 CHATEAUROUX.

[5] : INTERNATIONAL ENERGY AGENCY, Implementing agreement on photovoltaic power systems «*Recommended Practices for charge controllers*»

[6] : B. DUPART, A. LE GALL, R. PRET, J. FLOC'H« Mesures et essais d'électricité »Nouvelle édition DUNOD.

[7] : « LA BATTERIE »,http://www.seneauto.com/docs/la%20batterie.pdf, le 22/04/2011

[8] : « COMMENT CHOISIR LA BONNE BATTERIE », http://www.google.fr/choisirbatterie.pdf, le 23/03/ 2011

[9] : « LES REGULATEURS DE CONTROLE DE CHARGE POUR APPLICATIONS SOLAIRES PHOTOVOLTAIQUE », http://www.riaed.net/img/pdf/presentation_regulateurs.pdf, le 05 /05 / 2011

[10] : « NOTIONS DE BASE SUR L'ENERGIE SOLAIRE PHOTOVOLTAIQUE », http://www.ac-noumea.nc/jules-garnier/phyapp/solaire/doc/cours_photo.pdf, le 27/02/2011

[11] : « ETUDE COMPARATIVE DES PANNEAUX SOLAIRES PHOTOVOLTAIQUE », http://www.google.fr/HomeEnergy.pdf, le 11/03/2011

Annexe A

www.energiedouce.com — Catalogue solutions professionnelles

Panneau solaire photovoltaïque monocristallin 185Wc – haut rendement

- Fabricant de renommée mondiale (top 10 classement ENF)
- 72 cellules de silicium monocristallin (6x12) connectées en série
- Puissance crête 185 Watts certifiés
- Haut niveau de finition et de fiabilité - technologie d'encapsulation EVA
- Boîte de connexion étanche IP-65 avec diodes by-pass de protection
- Très forte résistance aux intempéries (conditions météo difficiles)
- TÜV : IEC 61215 / IEC 61730 – UL 1703 – Classe C – Conformité CE

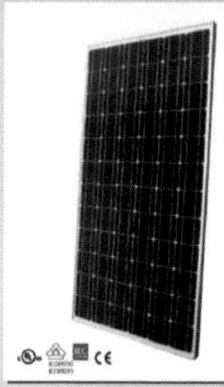

PARAMETRES ELECTRIQUES

Puissance maximale* (Pmax)	185 Watts
Rendement du module PV*	14,71%
Tension puissance maximale (Vmp)	36,8 Volts
Courant puissance maximale (Imp)	5,03 Ampères
Tension en circuit ouvert (Voc)	44,4 Volts
Courant de court circuit (Isc)	5,69 Ampères
Tolérance à puissance maximale	±3%
Coefficient de température	46°C ±2
Tension maximale du système	1000 Volts (IEC) / 600 Volts (UL)

*Valeurs selon les conditions de test standard STC : rayonnement de 1 000 W/m² et température de cellule de 25°C

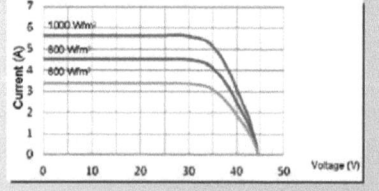

PARAMETRES MECANIQUES

Type de cellules	72 mono (125x125 mm)
Cadre	Aluminium anodisé double paroi
Boîte de jonction	IP-65 rated, Tyco
Connecteur	Tyco/MC
Câbles	12 AWG
Dimensions	1576 x 798 x 35 mm
Poids	14,5 kg

CONDITIONS D'UTILISATION TESTEES

Température	de -40°C à +85°C
Charge statique/maxi	2400Pa/5400Pa
Résistance au choc	Impact grêlons 25 mm à 23 m/s

COEFFICIENTS DE TEMPERATURE

Puissance	-0,46%/K
Tension	-0,384%/K
Courant	0,031%/K

COURBES CARACTERISTIQUES

GARANTIES ET CERTIFICATIONS

Garantie constructeur de 5 ans pour les matériaux et la fabrication
Garantie constructeur de 25 ans pour la puissance (90%10 ans – 80%25 ans)
Certifications UL1703, TÜV IEC 61730 (Safety class II), IEC 61215 édition 2
Classement au feu classe C / Déclaration de conformité CE – ISO 9001

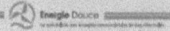

Modules solaires photovoltaïques

Annexe B
Comparatif des interrupteurs statiques
— Fiche technique EnPu —

	Diode	Transistor MOS/MOSFET	Transistor IGBT
Symbole	Anode (A) →|◁— Cathode (K), i_{AK}, v_{AK}	Drain (D), i_D, v_{DS}, Grille (G), v_{GS}, Source (S), Diode de structure	Collecteur (C), i_C, v_{CE}, Grille (G), v_{GE}, Emetteur (E)
Commande	Amorçage et blocage spontanés	Amorçage et blocage commandés par v_{GS}	Amorçage et blocage commandés par v_{GE}
Caractéristique idéale	i_C vs Tension inverse (V_R), i_{AK}	i_D, $v_{GS} > 0$, $v_{GS} = 0$, v_{DS}, Diode de structure : Amorçage et blocage spontanés	i_C, $v_{GE} > 0$, $v_{GE} = 0$, v_{CE}
Propriété	Unidirectionnelle en courant : $i_{AK} > 0$ Unidirectionnelle en tension : $v_{AK} < 0$	Unidirectionnel en courant : $i_D > 0$ (bidirectionnel avec diode) Unidirectionnel en tension : $v_{DS} > 0$	Unidirectionnel en courant : $i_C > 0$ Unidirectionnel en tension : $v_{CE} > 0$
Modèle électrique et pertes — État passant (ON)	V_{D0}, r_D, A →○—[ ]— K, i_{AK}, v_{AK}	D —[$R_{DS(on)}$]— S, i_D, v_{DS}	C ←○— E, $V_{CE(on)}$, i_C, v_{CE}
Pertes en conduction	$P = V_{D0} I_{AKmoy} + r_D I_{AKeff}^{\,2}$	$P = R_{DS(on)} I_{Deff}^{\,2}$	$P = V_{CE(on)} I_{Cmoy}$
Critères de choix	$V_{RRM} > v_R\|_{max}$ (état bloqué) $I_{F(AV)} > I_{AKmoy}$	$V_{DSS} > v_{DS}\|_{max}$ (état bloqué) $I_{D(DC)} > I_{Deff}$	$V_{CES} > v_{CE}\|_{max}$ (état bloqué) $I_{C(DC)} > I_{Ceff}$

Notations utilisées
F : Forward (sens direct)
M : Maximum (maximal)
AV : AVerage (moyen)
DC : Direct Current (courant continu)
R : Reverse (inverse) ou Repetitive

Annexe C

Catalogue Batterie

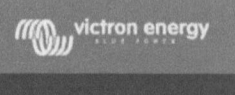

15. Courant de charge
Le courant de charge doit de préférence ne pas dépasser 0,2 C 00 A pour une batterie de 100 Ah. La température d'une batterie augmentera de plus de 10°C si le courant de charge est supérieur à 0,2 C. La compensation de température est donc indispensable pour des courants de charge supérieurs à 0,2 C.

	Utilisation en floating	Cyclage Normal	Cyclage Recharge rapide
Victron AGM "Deep Cycle"			
Absorbtion		14,2 - 14,6	14,6 - 14,9
Float	13,5 - 13,8	13,5 - 13,8	13,5 - 13,8
Veille	13,2 - 13,5	13,2 - 13,5	13,2 - 13,5
Victron Gel "Deep Cycle"			
Absorbtion		14,1 - 14,4	
Float	13,5 - 13,8	13,5 - 13,8	
Veille	13,2 - 13,5	13,2 - 13,5	
Victron Gel "Long Life"			
Absorbtion		14,0 - 14,2	
Float	13,5 - 13,8	13,5 - 13,8	
Veille	13,2 - 13,5	13,2 - 13,5	

Tableau 3: Tensions de charge recommandées

12 Volt Deep Cycle AGM

Référence	Ah	V	Lxlxh mm	Poids kg	CCA @0°F	RES CAP @80°F
BAT406225080	240	6	320x176x247	31	1500	480
BAT212070080	8	12	151x65x101	2,5		
BAT212120080	14	12	151x98x101	4,1		
BAT212200080	22	12	181x77x167	5,8		
BAT412350080	38	12	197x165x170	12,5		
BAT412550080	60	12	229x138x227	20	450	90
BAT412600080	66	12	258x166x235	24	520	100
BAT412800080	90	12	350x167x183	27	600	145
BAT412101080	110	12	330x171x220	32	800	190
BAT412121080	130	12	410x176x227	38	1000	230
BAT412151080	165	12	485x172x240	47	1200	320
BAT412201080	220	12	522x238x240	65	1400	440

Spécifications générales
Technologie: plaques planes AGM
Bornes: Cuivre, M8
Capacité nominale: décharge en 20h à 25°C
Durée de vie en floating: 7-10 years at 20°C
Durée de vie en cyclage:
200 cycles à décharge 100% *
400 cycles à décharge 50%
900 cycles à décharge 30%

12 Volt Deep Cycle GEL

Référence	Ah	V	Lxlxh mm	Poids kg	CCA @0°F	RES CAP @80°F
BAT412550100	60	12	229x138x227	20	300	80
BAT412600100	66	12	258x166x235	24	360	90
BAT412800100	90	12	350x167x183	26	420	130
BAT412101100	110	12	330x171x220	33	550	180
BAT412121100	130	12	410x176x227	38	700	230
BAT412151100	165	12	485x172x240	48	850	320
BAT412201100	220	12	522x238x240	66	1100	440

Spécifications générales
Technologie: flat plate GEL
Bornes: Cuivre, M8
Capacité nominale: 20 hr discharge at 25°C
Durée de vie en floating: 12 years at 20°C
Durée de vie en cyclage:
300 cycles à décharge 100% *
600 cycles à décharge 50%
1300 cycles à décharge 30%

2 Volt Long Life GEL

Référence	Ah	V	Lxlxh mm	Poids kg
BAT702601260	600	2	149x208x710	48
BAT702801260	800	2	215x193x710	68
BAT702102260	1000	2	215x235x710	82
BAT702122260	1200	2	215x277x710	94
BAT702152260	1500	2	215x277x855	120
BAT702202260	2000	2	215x400x815	160
BAT702252260	2500	2	215x490x815	200
BAT702302260	3000	2	215x580x815	240

Spécifications générales
Technologie: tubular plate GEL
Bornes: Cuivre, M8
Capacité nominale: 10 hr discharge at 25°C
Durée de vie en floating: 20 years at 20°C
Durée de vie en cyclage:
1200 cycles à décharge 100% *
1200 cycles à décharge 50%
2400 cycles à décharge 30%

Autres capacités sur demande
* Tension de fin décharge: 10.8 V pour une batterie 12 V

Victron Energy B.V. | De Paal 35 | 1351 JG Almere | The Netherlands
General phone: +31 (0)36 5359700 | Fax: +31 (0)36 5359740
E-mail: sales@victronenergy.com | www.victronenergy.com

i want morebooks!

Buy your books fast and straightforward online - at one of world's fastest growing online book stores! Environmentally sound due to Print-on-Demand technologies.

Buy your books online at
www.get-morebooks.com

Achetez vos livres en ligne, vite et bien, sur l'une des librairies en ligne les plus performantes au monde!
En protégeant nos ressources et notre environnement grâce à l'impression à la demande.

La librairie en ligne pour acheter plus vite
www.morebooks.fr

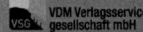 VDM Verlagsservicegesellschaft mbH
Heinrich-Böcking-Str. 6-8
D - 66121 Saarbrücken

Telefon: +49 681 3720 174
Telefax: +49 681 3720 1749

info@vdm-vsg.de
www.vdm-vsg.de

Printed by Books on Demand GmbH, Norderstedt / Germany